丛书总主编：孙鸿烈　于贵瑞　欧阳竹　何洪林

中国生态系统定位观测与研究数据集

森林生态系统卷

湖北神农架站

（2000—2008）

谢宗强　主编

中国农业出版社

中国生态系统定位观测与研究数据集

丛书编委会

主　编　孙鸿烈　于贵瑞　欧阳竹　何洪林

编　委（按照拼音顺序排列，排名不分先后）

曹　敏　董　鸣　傅声雷　郭学兵　韩士杰

韩晓增　韩兴国　胡春胜　雷加强　李　彦

李新荣　李意德　刘国彬　刘文兆　马义兵

欧阳竹　秦伯强　桑卫国　宋长春　孙　波

孙　松　唐华俊　汪思龙　王　兵　王　堃

王传宽　王根绪　王和洲　王克林　王希华

王友绍　项文化　谢　平　谢小立　谢宗强

徐阿生　徐明岗　颜晓元　于　丹　张　偲

张佳宝　张秋良　张硕新　张宪洲　张旭东

张一平　赵　明　赵成义　赵文智　赵新全

赵学勇　周国逸　朱　波　朱金兆

中国生态系统定位观测与研究数据集
森林生态系统卷·湖北神农架站

编委会

随着全球生态和环境问题的凸显，生态学研究的不断深入，研究手段正在由单点定位研究向联网研究发展，以求在不同时间和空间尺度上揭示陆地和水域生态系统的演变规律、全球变化对生态系统的影响和反馈，并在此基础上制定科学的生态系统管理策略与措施。自20世纪80年代以来，世界上开始建立国家和全球尺度的生态系统研究和观测网络，以加强区域和全球生态系统变化的观测和综合研究。2006年，在科技部国家科技基础条件平台建设项目的推动下，以生态系统观测研究网络理念为指导思想，成立了由51个观测研究站和一个综合研究中心组成的中国国家生态系统观测研究网络（National Ecosystem Research Network of China，简称 CNERN）。

生态系统观测研究网络是一个数据密集型的野外科技平台，各野外台站在长期的科学研究中，积累了丰富的科学数据，这些数据是生态学研究的第一手原始科学数据和国家的宝贵财富。这些台站按照统一的观测指标、仪器和方法，对我国农田、森林、草地与荒漠、湖泊湿地海湾等典型生态系统开展了长期监测，建立了标准和规范化的观测样地，获得了大量的生态系统水分、土壤、大气和生物观测数据。系统收集、整理、存储、共享和开发应用这些数据资源是我国进行资源和环境的保护利用、生态环境治理以及农、林、牧、渔业生产必不可少的基础工作。中国国家生态系统观测研究网络的建成对促进我国生态网络长期监测数据的共享工作将发挥极其重要的作用。为切实实现数据的共享，国家生态系统观测研究网络组织各野外台站开展了数据集的编辑出版工作，借以对我国长期积累的生态学数据进行一次系统的、科学的整理，使其更好地发挥这些数据资源的作用，进一步推动数据的共享。

为完成《中国生态系统定位观测与研究数据集》丛书的编纂，CNERN综合研究中心首先组织有关专家编制了《农田、森林、草地与荒漠、湖泊湿地海湾生态系统历史数据整理指南》，各野外台站按照指南的要求，系统地开展了数据整理与出版工作。该丛书包括农田生态系统、草地与荒漠生态系统、森林生态系统以及湖泊湿地海湾生态系统共4卷、51册，各册收集整理了各野外台站的元数据信息、观测样地信息与水分、土壤、大气和生物监测信息以及相关研究成果的数据。相信这一套丛书的出版将为我国生态系统的研究和相关生产活动提供重要的数据支撑。

孙鸿烈

2010 年 5 月

[前　言]

∷∷∷∷∷∷∷∷∷∷∷∷∷∷∷∷∷∷∷∷∷∷∷∷∷∷

　　湖北神农架森林生态系统国家野外科学观测研究站（暨中国科学院神农架生物多样性定位研究站）（以下简称神农架站）建于1994年，依托于中国科学院植物研究所。作为中国国家生态系统观测研究网络（CNERN）和中国生态系统研究网络（CERN）的核心台站，神农架站的目标是长期定位监测研究我国北亚热带森林生态系统的结构功能以及生物多样性的维持机制。建站以来，开展了北亚热带地带性森林—常绿落叶阔叶混交林以及亚高山针叶林森林生态系统的水分、土壤、气象和生物等要素的长期定位监测和研究，积累了大量的监测研究数据。

　　在国家科技基础条件平台建设项目"生态系统网络的联网观测研究及数据共享系统建设"的资助下，CNERN决定出版《中国生态系统定位观测与研究数据集》丛书，以强化国家野外台站信息共享系统建设，推动国家野外台站对长期监测数据的整理、共享和挖掘。根据CNERN对该系列丛书的编写指南，我们严格遵循数据来源清楚、数据质量可靠和标准规范统一的原则，整理了2000—2008年神农架站的长期监测数据并编纂成集。数据集内容涵盖神农架站主要数据资源目录、观测场地和样地信息、森林生态系统土壤、气象和生物等要素的长期监测数据以及依托神农架站开展研究工作获取的部分数据。

　　本数据集共5章，第一章和第二章由申国珍撰写，第三章、第四章和第五章由徐文婷、熊高明、赵常明整编，统稿和定稿由谢宗强和樊大勇完成。在编写过程中，我们对所有数据进行了校对和审核，力求数据准确可靠，但受许多主观和客观因素的限制，不足之处在所难免，敬请批评指正。

　　多年连续定位监测研究积累的数据资源是神农架站几代人奋斗的结果，我们相信该数据集对揭示北亚热带森林生态系统的结构和功能具有重要的科学价值，也为神农架站今后进一步开展监测、研究以及合作交流提供基础数据保障。本数据集可供大专院校、科研院所和地方政府等感兴趣的科技工作者使用，在数据使用过程中如存在任何疑惑或尚需共享其它时间段的相关数据，请直接与湖北神农架森林生态系统国家野外科学观测研究站联系。

　　本数据集的完成得到了有关同仁和领导的大力支持，在此我们特别感谢中国国家生态系统观测研究网络和中国生态系统研究网络（CERN）的长期支持，感谢中国生态系统研究网络水分分中心、土壤分中心、大气分中心和生物分中心的各位专家和技术人员多年来在监测指标体系、监测数据整理和审核等方面提供的指导和帮助！同时，我们也要对长年坚守在野外站的一线观测人员和技术人员表示由衷的谢意，是他们的辛勤劳动和无私奉献为该数据集的出版奠定了基础！

编　者

2010 年 6 月 1 日

[目 录]

□□□□□□□□□□□□□□□□□□□□□□□□□□□□□

序言
前言

第一章 引言 ……………………………………………………………………………………… 1

1.1 台站简介 ………………………………………………………………………………… 1

1.2 研究方向和目标 ………………………………………………………………………… 2

1.2.1 研究方向 ……………………………………………………………………………… 2

1.2.2 建站目标 ……………………………………………………………………………… 2

1.2.3 基本任务 ……………………………………………………………………………… 2

1.3 研究成果 ………………………………………………………………………………… 3

1.4 合作交流 ………………………………………………………………………………… 3

第二章 数据资源目录 …………………………………………………………………………… 4

2.1 生物监测数据资源目录 ………………………………………………………………… 4

2.2 土壤监测数据资源目录 ………………………………………………………………… 5

2.3 大气监测数据资源目录 ………………………………………………………………… 5

第三章 观测场和采样地 ………………………………………………………………………… 7

3.1 概述 ……………………………………………………………………………………… 7

3.2 观测场介绍 ……………………………………………………………………………… 8

3.2.1 神农架站常绿落叶阔叶混交林观测场（SNF01） …………………………………… 8

3.2.2 神农架站亚高山针叶林观测场（SNF02） …………………………………………… 9

3.2.3 神农架站气象观测场（SNFQX01） ………………………………………………… 11

第四章 长期监测数据 ………………………………………………………………………… 12

4.1 生物监测数据 …………………………………………………………………………… 12

4.1.1 动植物名录 …………………………………………………………………………… 12

4.1.2 乔木层植物种组成 …………………………………………………………………… 21

4.1.3 灌木层植物种组成 …………………………………………………………………… 22

4.1.4 草本层植物种组成 …………………………………………………………………… 23

4.1.5 神农架站区辅助样地调查数据 ……………………………………………………… 24

4.2 土壤监测数据 …………………………………………………………………………… 30

4.2.1 土壤交换量 ···································· 30

4.2.2 土壤养分 ······································ 31

4.2.3 土壤监测第二套指标—社会经济调查数据 ············ 31

4.2.4 土壤理化分析方法 ································ 32

4.3 气象监测数据 ·· 32

4.3.1 温度 ·· 32

4.3.2 湿度 ·· 35

4.3.3 气压 ·· 37

4.3.4 降水 ·· 39

4.3.5 风速 ·· 41

4.3.6 地表温度 ······································ 43

第五章 神农架站研究数据 ································ 46

5.1 神农架站迁地保护植物 ································ 46

5.2 站区动物 ·· 49

5.3 植物生理数据 ·· 55

5.3.1 植物季节性光合响应 ·························· 55

5.3.2 导管和筛管系统水力导度和抵抗空穴化能力的离子效应 ·· 58

5.4 站区主要群落类型种子雨格局研究数据 ················ 65

5.4.1 米心水青冈—曼青冈群落 ····················· 65

5.4.2 神农架巴山冷杉林 ·························· 66

5.4.3 神农架锐齿槲栎林 ·························· 69

5.5 神农架地区主要群落凋落物及养分数据 ················ 69

5.5.1 神农架米心水青冈—曼青冈群落 ··············· 69

5.5.2 神农架巴山冷杉天然林凋落物及养分 ············· 73

5.6 神农架主要群落更新数据 ····························· 74

5.6.1 神农架啮齿目动物对锐齿槲栎种子传播的影响 ······· 74

5.6.2 林隙与林下环境对锐齿槲栎和米心水青冈种群更新的影响 ·· 77

5.7 神农架国家级自然保护区社会经济数据 ················ 78

5.7.1 数据说明 ····································· 78

5.7.2 人口年龄结构和文化程度 ······················ 78

5.7.3 家庭年均收入构成 ·························· 79

5.7.4 家庭年均支出构成 ·························· 79

5.7.5 各村农民整体经济状况 ······················ 79

5.8 依托台站监测数据发表的论文 ························· 80

参考文献 ·· 83

第一章

引　言

1.1　台站简介

神农架地处秦巴山地向东延伸的大巴山东段（主峰海拔 3 105.4m），位于我国三大台阶中第三台阶丘陵平原区向第二台阶山地的过渡带上，属北亚热带湿润区，气候主要受东南季风影响，随南北坡向

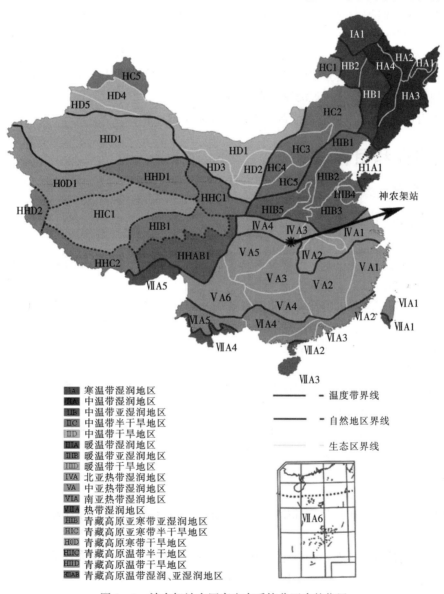

寒温带湿润地区
中温带湿润地区
中温带亚湿润地区
中温带半干旱地区
中温带干旱地区
暖温带湿润地区
暖温带亚湿润地区
暖温带干旱地区
北亚热带湿润地区
中亚热带湿润地区
南亚热带湿润地区
热带湿润地区
青藏高原亚寒带亚湿润地区
青藏高原亚寒带半干旱地区
青藏高原寒带干旱地区
青藏高原温带半干旱地区
青藏高原温带干旱地区
青藏高原温带湿润、亚湿润地区

—　温度带界线

—　自然地区界线

—　生态区界线

图 1-1　神农架站在国家生态系统分区中的位置

及海拔高低不同而有很大差异。独特的地理位置和气候特点使这里自然资源丰富，被誉为"绿色宝库"、"天然植物园"。第四纪以来由于受北面秦岭山脉庇护免遭冰川直接侵袭，这里又成为许多古老植物的避难所。该区保存的第三纪子遗植物丰富而完整，是世界上落叶乔、灌木种类最多的地区，是东亚东、西两大植物区系的交汇地，是中国种子植物特有属三大分布中心之一（应俊生等，1979；应俊生等，1994）。

为了长期深入开展北亚热带森林生态系统和神农架生物多样性的定位研究，1994 年由中国科学院植物研究所负责，联合中国科学院动物研究所、中国科学院武汉植物研究所共建中国科学院神农架生物多样性定位研究站（以下简称"神农架站"）。站区位于湖北西部神农架地区（东经 110°03′～110°34′，北纬 31°19′～31°36′），是我国亚热带与暖温带的气候过渡地带，也是我国中部山地与东部丘陵低山区的过渡地带。该区年平均气温 10.6℃，年降水量 1 306.2～1 722.0mm；土壤类型主要有山地黄棕壤、山地棕壤和山地暗棕壤等；地带性植被为常绿落叶阔叶混交林。2005 年 12 月神农架站被科技部批准加入中国国家生态系统观测研究网络（CNERN），命名为湖北神农架森林生态系统国家野外科学观测研究站；2008 年神农架站加入中国生态系统研究网络（CERN）。

神农架站现有土地面积 1hm²，办公实验楼 1064m²，可同时接待 50 名左右科研人员工作；神农架站现有实验用房 700m²，设有 2 个理化分析实验室、2 个预处理实验室、1 个生理生态实验室、1 个样品/标本室以及文献档案室、会议室等；拥有符合 CNERN 和 CERN 标准的水、土、气、生监测要素的仪器设备 13 套（台）、实验室仪器设备 16 套（台）；建有气象观测场、生物试验场、常绿落叶阔叶混交林观测场、亚高山针叶林观测场（点）。

神农架站现有固定人员 15 人，其中高级 8 人，中级 5 人，初级 2 人。

1.2 研究方向和目标

1.2.1 研究方向

（1）长期定位监测与研究北亚热带山地森林生态系统结构、功能和生态过程及其对全球变化的响应。

（2）研究生态系统的退化机制、过程及恢复实践，构建北亚热带森林生态系统优化管理及可持续经营的理论与技术体系。

（3）研究大型水利工程等人类活动对生态系统的影响，探索生物多样性的维持机制并开展濒危物种保育试验示范。

1.2.2 建站目标

（1）科学目标：长期定位监测和系统研究北亚热带森林生态系统结构功能与动态演变，揭示北亚热带森林生态系统稳定性及其维持机制。

（2）国家目标：开展北亚热带生态系统管理和自然资源保护与可持续利用的研究和实践，为国家生态环境建设和区域可持续发展提供决策咨询服务。

1.2.3 基本任务

（1）长期监测和研究北亚热带森林生态系统的结构、功能和动态，揭示土壤、植被与大气间的物质循环和能量流动规律。

（2）研究北亚热带森林生态系统对全球变化的作用与响应，评价生态系统服务功能，并探讨神农架地区的生物多样性在全球变化背景下的维持机制。

（3）监测集水区生态系统的生态功能与大型水利工程生态安全，并进行三峡库区消落带生态恢复的试验与示范。

（4）开展北亚热带山地次生天然林健康经营的试验示范以及珍稀濒危物种保育实践。

（5）以站为研究平台，培养人才，开展合作与交流。

1.3 研究成果

2001—2008 年间，神农架站共发表学术论文 180 余篇，其中 SCI 65 篇，包括 *Science*，*BioScience*，*Ecological Applications*，*Biochimica et Biophysica Acta*，*Oecologia*，*Journal of Animal Ecology*，*Journal of Vegetation Science*，*Restoration Ecology*，*Biodiversity and Conservation* 等影响力高的杂志；出版专著 8 部（主编 4 部，参编 4 部），申请专利 8 项。

1.4 合作交流

神农架站积极促进国内及国际间的合作与交流，提升台站在国际上的影响力和科研水平。建站以来，与中国科学院系统（成都山地研究所、大气物理研究所、成都生物研究所、地理科学与资源研究所、水生生物研究所、南京土壤研究所、中国科学院沈阳应用生态研究所）、高校（北京大学、武汉大学、北京林业大学、三峡大学）、部门科研机构（中国林业科学研究院）等单位的专家学者开展合作研究；与林场和当地各级政府建立了良好的合作关系，科研任务和监测工作都得到了他们的积极支持。国际合作方面，先后与美国、英国、法国、德国、日本、委内瑞拉和澳大利亚等 10 余个国家的科研机构建立学术交流关系，接待多个国家的专家、学者来访并派出 10 余名科技人员出国进修、合作研究、考察或参加国际会议，已经开展的国际合作项目有：

（1）世界自然基金会项目"小勾儿茶分布现状调查与评估研究"（2005—2006）。

（2）与世界自然基金会合作开展"岷山森林景观植物恢复"项目（2003—2005）。

（3）与美国南加利福尼亚大学人类学系合作开展"金丝猴的生态、行为、繁与保护"方面的研究（2005）。

（4）与比利时国家科学基金会、比利时安特卫普大学生物系合作开展"种的局部灭绝和入侵对植物群落结构和生物多样性维持的影响"研究（2002—2003）。

（5）与比利时科学基金会合作开展国际合作项目"多尺度方法研究全球变化对陆地生态系统的影响"（2004—2008）。

（6）国家自然科学基金委员会资助国际（地区）合作与交流项目"生境破坏和破碎化对复合种群生存及植物群落结构的影响"（2006）。

第二章

数 据 资 源 目 录

2.1 生物监测数据资源目录

数据集名称：神农架站区生物要素调查表

数据集摘要：关于神农架站区植被、植物群落、地貌、水分、土壤、人类活动、动物活动、演替特征等的调查数据

数据集时间范围：2006 年

数据集名称：神农架站综合观测场和辅助观测场森林植物群落乔木层每木调查

数据集摘要：关于神农架站综合观测场和辅助观测场植物群落乔木层各种乔木的胸径、高度、生活型等的调查数据

数据集时间范围：2006 年

数据集名称：神农架站综合观测场和辅助观测场森林植物群落乔木层植物种组成

数据集摘要：关于神农架站综合观测场和辅助观测场植物群落乔木层各种乔木的胸径、树高、生活型、生物量等的调查数据

数据集时间范围：2006 年

数据集名称：神农架站综合观测场和辅助观测场森林植物群落灌木层植物种组成

数据集摘要：关于神农架站综合观测场和辅助观测场植物群落灌木层各种植物的盖度、多度、生活型等的调查统计数据

数据集时间范围：2006 年

数据集名称：神农架站综合观测场和辅助观测场森林植物群落草本层植物种组成

数据集摘要：关于神农架站综合观测场和辅助观测场植物群落草本层各种植物的盖度、多度、生活型等的调查数据

数据集时间范围：2006 年

数据集名称：神农架站综合观测场和辅助观测场森林植物群落乔木层群落特征

数据集摘要：关于神农架站综合观测场和辅助观测场植物群落乔木层群落的郁闭度、密度、高度、生物量等的调查统计数据

数据集时间范围：2006 年

数据集名称：神农架站综合观测场和辅助观测场森林植物群落灌木层群落特征

数据集摘要：关于神农架站综合观测场和辅助观测场灌木层的盖度、多度、生物量等的调查统计数据

数据集时间范围：2006 年

数据集名称：神农架站综合观测场和辅助观测场森林植物群落草本层群落特征

数据集摘要：关于神农架站综合观测场和辅助观测场植物群落草本层的盖度、多度、生物量等的调查统计数据

数据集时间范围：2006 年

数据集名称：神农架站森林鸟类种类与数量

数据集摘要：关于神农架站站区鸟类的名称和数量的调查数据

数据集时间范围：2006 年

数据集名称：神农架站森林大型野生动物种类与数量

数据集摘要：关于神农架站站区各种野生动物数量的调查数据

数据集时间范围：2006 年

2.2 土壤监测数据资源目录

数据集名称：神农架站综合观测场和辅助观测场土壤阳离子交换数据

数据集摘要：神农架站综合观测场常绿落叶阔叶混交林和辅助观测场亚高山针叶林土壤交换性阳离子总量、交换性酸总量、各阳离子交换量

数据集时间范围：2006 年

数据集名称：神农架站综合观测场和辅助观测场土壤养分数据

数据集摘要：神农架站综合观测场常绿落叶阔叶混交林和辅助观测场亚高山针叶林土壤养分、有机质、全氮、pH

数据集时间范围：2006 年

数据集名称：神农架站社会经济调查数据

数据集摘要：神农架站站址所在县镇的人口、财政收入、耕地面积、各土地利用类型面积以及粮食产量等

数据集时间范围：2000—2006 年

2.3 大气监测数据资源目录

数据集名称：神农架站气象观测场干球温度逐日逐时观测表

数据集摘要：记录神农架站每日 24h 的干球温度

数据集时间范围：2000—2008 年

数据集名称：神农架站气象观测场湿球温度逐日逐时观测表

数据集摘要：记录神农架站每日 24h 的湿球温度

数据集时间范围：2000—2008 年

数据集名称：神农架站气象观测场相对湿度逐日逐时观测表
数据集摘要：记录神农架站每日 24h 的相对湿度
数据集时间范围：2000—2008 年

数据集名称：神农架站气象观测场大气压强逐日逐时观测表
数据集摘要：记录神农架站每日 24h 的大气压强
数据集时间范围：2000—2008 年

数据集名称：神农架站气象观测场地表温度逐日逐时观测表
数据集摘要：记录神农架站每日 24h 的地表温度
数据集时间范围：2000—2008 年

数据集名称：神农架站气象观测场风向逐日逐时观测表
数据集摘要：记录神农架站每日 24h 的风向
数据集时间范围：2001—2004，2008 年

数据集名称：神农架站气象观测场风速逐日逐时观测表
数据集摘要：记录神农架站每日 24h 的风速
数据集时间范围：2001—2004，2008 年

数据集名称：神农架站气象观测场降水逐日逐时观测表
数据集摘要：记录神农架站每日 24h 的降水
数据集时间范围：2000—2008 年

数据集名称：神农架站气象观测场气象要素月平均值表
数据集摘要：记录神农架站气象常规观测要素的月平均值
数据集时间范围：2000—2008 年

数据集名称：神农架站气象观测场各月极端最高气温及出现日期
数据集摘要：记录神农架站各月的极端最高气温以及出现的日期
数据集时间范围：2000—2008 年

数据集名称：神农架站气象观测场各月极端最低气温及出现日期
数据集摘要：记录神农架站各月的极端最低气温以及出现的日期
数据集时间范围：2000—2008 年

第三章

观测场和采样地

3.1 概述

　　神农架站目前建有1个常绿落叶阔叶混交林观测场、1个亚高山针叶林观测场和1个气象观测场，长期定位监测常绿落叶阔叶混交林和亚高山针叶林两种森林生态系统的水、土、气、生等要素（表3-1）；同时建有4个采样地，各个观测场及采样地的空间位置见图3-1。

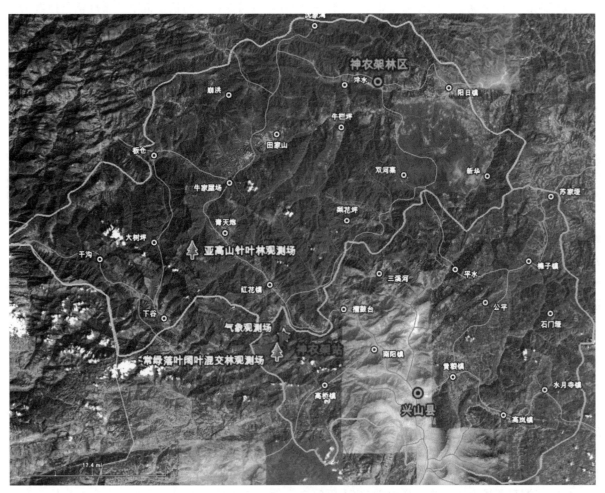

图3-1　神农架站观测场及采样地分布图

表 3-1　神农架森林站观测场、观测点一览表

观测场名称	观测场代码	采样地名称	采样地代码
神农架站常绿落叶阔叶混交林观测场	SNF01	神农架站常绿落叶阔叶混交林观测场土壤生物采样地	SNF01ABC_01
神农架站亚高山针叶林观测场	SNF02	神农架站亚高山针叶林观测场土壤生物采样地	SNF02ABC_01
神农架站气象观测场	SNFQX01	综合气象要素观测场雨水采集器	SNFQX01CYS_01
		人工气象观测样地	SNFQX01DRG_01

3.2　观测场介绍

3.2.1　神农架站常绿落叶阔叶混交林观测场（SNF01）

神农架站常绿落叶阔叶混交林观测场位于湖北省兴山县南阳镇龙门河村，经度为东经 110°29′44″，纬度为北纬 31°19′04″，其植被类型为常绿落叶阔叶混交林，以水青冈属和青冈属的乔木树种为优势种，该样地位于自然保护区的中心地带，植被保护较好，现阶段群落为顶极群落。常绿落叶阔叶混交林观测场建立于此，一是植被类型典型，属于自然保护区内保存相对完好的地带性植被，人为干扰和破坏较少；二是地形适宜于长期定位观测；三是交通相对便利，易于观测。

常绿落叶阔叶混交林观测场建立于 2001 年，海拔 1 750m，观测面积为 50m×50m，监测内容包括生物和土壤要素。群落高达 25m，分为乔木层、灌木层、草本层和层间植物，其中乔木层可分为 3 个亚层（Ⅰ、Ⅱ、Ⅲ），群落盖度约 90%。

分层特征：乔木Ⅰ亚层主要组成树种为米心水青冈（*Fagus engleriana*）、多脉青冈（*Cyclobalanopsis multinervis*）、曼青冈（*Cyclobalanopsis oxyodon*）、多种槭树（*Acer* ssp.）、香椿（*Toona sinensis*）、锐齿槲栎（*Quercus aliena* var. *acutiserrata*）、石灰花楸（*Sorbus folgneri*）和灯台树（*Bothrocaryum controversum*）等乔木树种组成，高度 15～25m，盖度约 35%；乔木Ⅱ层以多种青冈（*Cyclobalanopsis* ssp.）、粉白杜鹃（*Rhododendron hypoglaucum*）、石栎（*Lithocarpus glaber*）、巴东栎（*Quercus engleriana*）、四照花（*Dendrobenthamia japonica* var. *chinensis*）、三桠乌药（*Lindera obtusiloba* var. *obtusiloba*）、山白树（*Sinowilsonia henryi*）等组成，高度 8～15m，盖度约 60%；乔木Ⅲ层主要由粉白杜鹃和多种青冈的小树组成，高度 4～6m，盖度约 15%。灌木层主要由箭竹（*Fargesia spathacea*）和箬竹（*Indocalamus tessellatus*）组成，高度 1～4m，盖度约 60%；草本层主要由莎草科的苔草（*Carex* ssp.）、禾本科的野青茅（*Deyeuxia* sp.）和蕨类等组成，高度 0.5m 左右，盖度约 10%。层间植物包括猕猴桃（*Actinidia* ssp.）、菝葜（*Smilax* ssp.）、铁线莲（*Clematis* ssp.）等藤本植物，高度从林下 0.5～20m。

气候特点为年均温 10.6℃，年均降水 1 306～1 722mm。地貌特征为中山山地，地势陡峭，坡度 10～70°，西北坡向，坡中上位。根据全国第二次土壤普查结果，神农架常绿落叶阔叶混交林观测场的土类为黄棕壤；根据中国土壤系统分类，神农架站常绿落叶阔叶混交林观测场的土壤为铁质湿润淋溶土。土壤母质为石灰岩，侵蚀情况为轻度风蚀，滑坡和浅沟侵蚀。

3.2.1.1　神农架站常绿落叶阔叶混交林观测场土壤生物采样地（SNF01ABC_01）

神农架站观测场土壤生物采样地于 2001 年建立，为永久样地，海拔 1750m，中心点坐标为东经 110°29′44″，北纬 31°19′04″，样地面积为 50m×50m。

生物监测内容主要包括：①生境要素：植物群落名称、群落高度、水分状况、动物活动、人类活动、生长/演替特征；②乔木层每木调查：胸径、树高、生活型、生物量；③乔木、灌木、草本层物种组成：株数/多度、平均高度、平均胸径、盖度、生活型。

土壤监测内容主要包括：①有效磷、速效钾、速效氮、有机质、全氮、pH；②阳离子交换量、土壤交换性钾、钠、全氮、全磷、全钾。

生物采样方法为将 0.25hm² 样地划分为 25 个 10m×10m 的样方，样地中胸径≥2.0cm 的乔木个体从 0001 开始挂牌编号，灌木层种类则在 25 个 10m×10m 中从左下角的样方开始采用隔样带隔样方的方法设置了 25 个 5m×5m 的小样方，每个样方中的每株灌木个体（高度＞1.0m，胸径＜2.0cm）按顺序编号调查。草本层种类则在每个 5m×5m 的样方中设置 2m×2m 的样方按顺序进行编号调查。乔木个体的采样是在样地外选取相同的种类进行采样，灌木、草本层的采样在样地外的两侧各设置了 5 个 2m×2m 的小样方按收获法进行生物量的采样。生物采样设计图、采样设计编码及说明如图 3-2 所示。

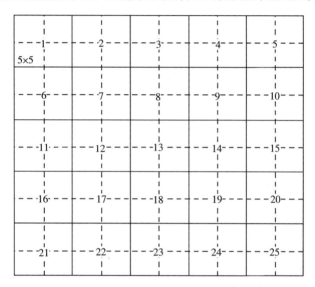

图 3-2 常绿落叶阔叶混交林观测场生物样方及编码示意图

土壤采样设计方法为观测场四周埋设标志杆，围成 50m×50m 的正方形，在取样时，通过对边拉线，分成 10m×10m 的 25 个小区，确定每个小区的分界线，各采样小区用 1～25 数字表示，9 个重复样方，每个重复样为多点混合，本采样为 6 个点混合。取样点分布坡上、坡中、坡下各 3 个。

剖面土样为各层分别混合，表土样即为 1 个样品。土壤采样分区设计见常绿落叶阔叶混交林观测场土壤采样示意图（图 3-3）。

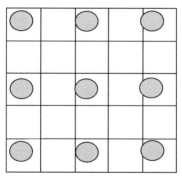

图 3-3 常绿落叶阔叶混交林观测场土壤采样示意图
注：样地面积：50m×50m＝2 500m²；样方面积：10m×10m＝100m²

3.2.2 神农架站亚高山针叶林观测场（SNF02）

神农架站亚高山针叶林观测场位于湖北神农架国家级自然保护区的核心地段，经度为东经110°18′28.5″，纬度为北纬31°28′18.3″，植被类型为巴山冷杉天然原始林，人为干扰干极少。观测场2001年建立，为永久样地，海拔2 570m，样地面积为40m×40m。

地貌特征：亚高山山地，坡度为20°，坡向为东北，坡位中。该观测场进行亚高山针叶林土壤与生物部分的监测。

群落特征：该群落高约30m，分乔木层、灌木层和草本层，其中乔木层没有明显分层，群落盖度约80%。

分层特征：乔木层平均高21m，最高32m，主要由巴山冷杉（*Abies fargesii*）组成，盖度约70%；伴生树种有红桦（*Betula albo-sinensis*）和多种槭树（*Acer* ssp.）等；灌木层主要由箭竹、陕甘花楸（*Sorbus koehneana*）、蔷薇（*Rosa* ssp.）、茶藨子（*Ribes* ssp.）、卫矛（*Euonymus* ssp.）、瑞香（*Daphne* ssp.）等组成，高度1～3m，盖度约25%；草本层主要由蕨类植物和东方草莓（*Fragaria orientalis*）、苔草（*Carex* ssp.）、蟹甲草（*Parasenecio* ssp.）、凤仙花（*Impatiens* ssp.）、湖北大戟（*Euphorbia hylonoma*）、冷水花（*Pilea* ssp.）、楼梯草（*Elatostema* ssp.）等，高度0.3m左右，盖度约80%。

气候特点为年均温10℃，年降水800～2 500mm。地貌特征为中山山地，地势陡峭，坡度10°～70°，坡向西北，坡位为坡上。根据全国第二次土壤普查资料，土类为山地暗棕壤，土壤母质为板岩、千牧岩、砂岩等风化残坡积物。

3.2.2.1 神农架站亚高山针叶林观测场土壤生物采样地（SNF02ABC＿01）

神农架站亚高山针叶林观测场土壤生物采样地于2001年建立，为永久监测样地，海拔2 570m，中心点坐标东经110°18′28.5″，北纬31°28′18.3″，样地面积为50m×50m。

生物监测内容主要包括：①生境要素：植物群落名称、群落高度、水分状况、动物活动、人类活动、生长/演替特征；②乔木层每木调查：胸径、树高、生活型、生物量；③乔木、灌木、草本层物种组成：株数/多度、平均高度、平均胸径、盖度、生活型。

土壤监测内容主要包括：①有效磷、速效钾、速效氮、有机质、全氮、pH；②阳离子交换量、土壤交换性钾、钠、全氮、全磷、全钾。

生物采样在40m×40m的范围内进行，采样方法为将0.16hm²样地划分为16个10m×10m的样方，样地中胸径≥2.0cm的乔木个体从0001开始挂牌编号，灌木层种类则在16个10m×10m中从左下角的样方开始采用隔样带隔样方的方法设置了16个5m×5m的小样方，每个样方中的每株灌木个体（高度>1.0m，胸径<2.0cm）按顺序编号调查。草本层种类则在每个5m×5m的样方中设置2m×2m的样方按顺序进行编号调查。乔木个体的采样是在样地外选取相同的种类进行采样，灌木、草本层的采样在样地外的两侧各设置了5个2m×2m的小样方按收获法进行生物量的采样。

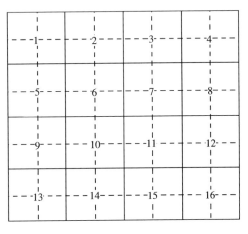

图3-4 亚高山针叶林观测场生物样方及编码示意图

土壤采样设计方法为观测场四周埋设标志杆，围成50m×50m的正方形，在取样时，通过对边拉线，分成10m×10m的25个小区，确定每个小区的分界线，各采样小区用1～25数字表示，9个重复样方，每个重复样为多点混合，本采样为6个点混合。取样点分布坡上、坡中、坡下各 3 个。剖面土样为各层分别混合，表土样即为 1 个样品。

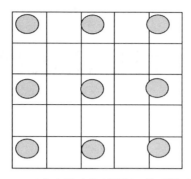

图 3-5 亚高山针叶林观测场土壤采样示意图

注：样地面积：50m×50m＝2 500m²；样方面积：10m×10m＝100m²

3.2.3 神农架站气象观测场（SNFQX01）

神农架站气象观测场海拔 1 290m，面积为 20m×20m。建立于 1997 年，位于距站办公楼约 100m 的平地上，以便于日常观测与管理。场内下垫面为矮杂草地，土壤类型为山地黄壤。人工观测要素有天气状况、气压、风向、风速；空气温度：定时温度、最高温度、最低温度；空气湿度：相对湿度、降雨：总量降雨时测、水面蒸发、地表温度：定时地表温度、最高地表温度、低地表温度；日照时数、雾日数以及自动观测（图 3-6）。

图 3-6 气象观测场监测设施分布示意图

第四章

长 期 监 测 数 据

4.1 生物监测数据

4.1.1 动植物名录

表 4-1 神农架站动物名录

动 物 名	拉 丁 学 名
棘胸蛙	*Rana spinosa*
黑斑蛙	*Rana nigromaculata*
中华蟾蜍	*Bufo gargarizans*
王锦蛇	*Elaphe carinata*
白头蝰	*Azemiops feae*
竹叶青蛇	*Trimeresurus stejnegeri*
白冠长尾雉	*Syrmaticus reevesii*
红腹角雉	*Tragopan temminckii*
红腹锦鸡	*Chrysolophus pictus*
勺鸡	*Pucrasia macrolopha*
雉鸡	*Phasianus colchicus*
白喉噪鹛	*Garrulax albogularis*
白颈鸦	*Corvus torquatus*
橙翅噪鹛	*Garrulax elliotii*
大山雀	*Parus major*
大嘴乌鸦	*Corvus macrorhynchos*
黑领噪鹛	*Garrulax pectoralis*
红头［长尾］山雀	*Aegithalos concinnus*
红嘴蓝鹊	*Urocissa erythrorhyncha*
红嘴相思鸟	*Leiothrix lutea*
黄腹山雀	*Parus venustulus*
灰翅噪鹛	*Garrulax cineraceus*
领雀嘴鹎	*Spizixos semitorques*
柳莺	*Phylloscopus sp.*
山雀	*Parus sp.*
松鸦	*Garrulus glandarius*
鹀	*Emberiza sp.*
喜鹊	*Pica pica*
紫啸鸫	*Myophonus caeruleus*
大斑啄木鸟	*Dendrocopos major*
灰头绿啄木鸟	*Picus canus*
蚁䴕	*Jynx torquilla*
赤腹松鼠	*Sciurus igniventris*

（续）

动 物 名	拉 丁 学 名
松鼠	*Sciurus vulgaris*
岩松鼠	*Sciurotamias davidianus*
隐纹花松鼠	*Tamiops swinhoei*
中华竹鼠	*Rhizomys sinensis*
红白鼯鼠	*Petaurista alborufus*
豪猪	*Hystrix brachyura*
猪獾	*Arctonyx collaris*
果子狸	*Paguma larvata*
豹猫	*Prionailurus bengalensis*
黑熊	*Ursus thibetanus*
野猪	*Sus scrofa*
斑羚	*Naemorhedus goral*
鬣羚	*Capricornis sumatraensis*
林麝	*Moschus berezovskii*
毛冠鹿	*Elaphodus cephalophus*
猕猴	*Macaca mulatta*

表 4-2 神农架站植物名录

植 物 名	拉 丁 学 名
南方六道木	*Abelia dielsii*
蓪梗花（短枝六道木）	*Abelia engleriana*
巴山冷杉	*Abies fargesii*
藤五加	*Acanthopanax leucorrhizus*
蜀五加	*Acanthopanax setchuenensis*
青榨槭	*Acer davidii*
扇叶槭	*Acer flabellatum*
血皮槭	*Acer griseum*
建始槭	*Acer henryi*
色木槭	*Acer mono*
槭树	*Acer oliverianum*
五裂槭	*Acer oliverianum*
鸡爪槭	*Acer palmatum*
中华槭	*Acer sinense*
深裂中华槭	*Acer sinense* var. *longilobum*
类叶升麻	*Actaea asiatica*
京梨猕猴桃	*Actinidia callosa* var. *henryi*
中华猕猴桃	*Actinidia chinensis*
狗枣猕猴桃	*Actinidia kolomikta*
白亚铁线蕨	*Adiantum gravesii*
灰背铁线蕨	*Adiantum myriosorum*
灯笼花	*Agapetes lacei*
臭椿	*Ailanthus altissima*
灯台兔儿风	*Ainsliaea macroclinidioides*
紫背金盘	*Ajuga nipponensis*
三叶木通	*Akebia trifoliata*
八角枫	*Alangium chinense*

（续）

植 物 名	拉 丁 学 名
瓜木	*Alangium platanifolium*
山合欢	*Albizia kalkora*
穗花杉	*Amentotaxus argotaenia*
蓝果蛇葡萄	*Ampelopsis bodinieri*
大火草	*Anemone tomentosa*
楤木	*Aralia chinensis*
异叶马兜铃	*Aristolochia kaempferi* f. *heterophylla*
单叶细辛	*Asarum himalaicum*
铁角蕨	*Asplenium trichomanes*
三脉紫菀	*Aster ageratoides*
星果草	*Asteropyrum peltatum*
落新妇	*Astilbe chinensis*
凤尾竹	*Bambusa multiplex* var. *multiplex*
直穗小檗	*Berberis dasystachya*
湖北小檗	*Berberis gagnepainii*
蚝猪刺	*Berberis julianae*
芒齿小檗	*Berberis triacanthophora*
多花勾儿茶	*Berchemia floribunda*
红桦	*Betula albo-sinensis*
狭翅桦	*Betula chinensis* var. *fargesii*
亮叶桦	*Betula luminifera*
白桦	*Betula platyphylla*
灯台树	*Bothrocaryum controversum*
构树	*Broussonetia papyifera*
大花黄杨	*Buxus henryi*
小叶黄杨	*Buxus sinica* var. *parvifolia*
肾唇虾脊兰	*Calanthe brevicornu*
珍珠枫	*Callicarpa bodinieri*
紫珠	*Callicarpa bodinieri*
喜树	*Camptotheca acuminata*
大叶山芥碎米荠	*Cardamine griffithii* var. *grandifolia*
阿齐苔草	*Carex argyi*
褐果苔草	*Carex brunnea*
栗褐苔草	*Carex brunnea*
大舌苔草	*Carex grandiligulata*
亚柄苔草	*Carex lanceolata* var. *subpediformis*
披针苔草	*Carex lancifolia*
宽叶苔草	*Carex siderosticta*
烟管头草	*Carpesium cernuum*
华千金榆	*Carpinus cordata* var. *chinensis*
川陕鹅耳枥	*Carpinus fargesiana*
湖北鹅耳枥	*Carpinus hupeana*
山羊角树	*Carrierea calycina*
锥栗	*Castanea henryi*
茅栗	*Castanea seguinii*
苦槠	*Castanopsis sclerophylla*
朴树	*Celtis sinensis*
三尖杉	*Cephalotaxus fortunei*
微毛樱桃	*Cerasus clarofolia*

（续）

植 物 名	拉 丁 学 名
连香树	*Cercidiphyllum japonicum*
紫荆	*Cercis chinensis*
黄猄草	*Championella tetrasperma*
喜冬草	*Chimaphila japonica*
猴樟	*Cinnamomum bodinieri*
樟树	*Cinnamomum camphora*
香桂	*Cinnamomum subavenium*
川桂	*Cinnamomum wilsonii*
谷蓼	*Circaea erubescens*
小花香槐	*Cladrastis sinensis*
粗齿铁线莲	*Clematis argentilucida*
小木通	*Clematis armandii*
镇平铁线莲	*Clematis brevicaudata* var. *ganpiniana*
华中山柳	*Clethra fargesii*
黄连	*Coptis chinensis*
马桑	*Coriaria nepalensis*
阔瓣蜡瓣花	*Corylopsis platypetala*
华榛	*Corylus chinensis*
毛黄栌	*Cotinus coggygria* var. *pubescens*
灰栒子	*Cotoneaster acutifolius*
鸭儿芹	*Cryptotaenia japonica*
杉木	*Cunninghamia lanceolata*
柏木	*Cupressus funebris*
城口青冈	*Cyclobalanopsis fargesii*
青冈栎	*Cyclobalanopsis glauca*
细叶青冈	*Cyclobalanopsis gracilis*
多脉青冈	*Cyclobalanopsis multinervis*
曼青冈	*Cyclobalanopsis oxyodon*
青钱柳	*Cyclocarya paliurus*
大叶贯众	*Cyrtomium macrophyllum*
尖瓣瑞香	*Daphne acutiloba*
交让木	*Daphniphyllum macropodum*
四照花	*Dendrobenthamia japonica* var. *chinensis*
川溲疏	*Deutzia setchuenensis*
黄常山	*Dichroa feberifuga*
叉蕊薯蓣	*Dioscorea collettii*
穿龙薯蓣	*Dioscorea nipponica*
乌柿	*Diospyros cathayensis*
君迁子	*Diospyros lotus*
南方山荷叶	*Diphylleia sinensis*
万寿竹	*Disporum cantoniense*
变异鳞毛蕨	*Dryopteris varia*
宜昌胡颓子	*Elaeagnus henryi*
披针叶胡颓子	*Elaeagnus lanceolata*
钝齿楼梯草	*Elatostema obtusidentatum*
钝叶楼梯草	*Elatostema obtusum*
香果树	*Emmenopterys henryi*
淫羊藿	*Epimedium brevicornu*
枇杷	*Eriobotrya japonica*

（续）

植 物 名	拉 丁 学 名
野枇杷	*Eriobotrya japonica*
臭辣树	*Euodia fargesii*
大花卫矛	*Euonymus grandiflorus*
西南卫矛	*Euonymus hamiltonianus*
疏花卫茅	*Euonymus laxiflorus*
大果卫矛	*Euonymus myrianthus*
矩圆叶卫矛	*Euonymus oblongifolius*
紫花卫矛	*Euonymus porphyreus*
多须公	*Eupatorium chinense*
领春木	*Euptelea pleiospermum*
短柱柃	*Eurya brevistyla*
野鸭椿	*Euscaphis japonica*
米心水青冈	*Fagus engleriana*
巴山水青冈	*Fagus pashanica*
龙头竹	*Fargesia dracocephala*
箭竹	*Fargesia spathacea*
异叶榕	*Ficus heteromorpha*
榕树	*Ficus microcarpa*
光蜡树	*Fraxinus griffithii*
齿缘苦枥木	*Fraxinus insularis* var. *henryana*
象蜡树	*Fraxinus platypoda*
花曲柳	*Fraxinus rhynchophylla*
六叶葎	*Galium asperuloides* subsp. *hoffmeisteri*
四叶葎	*Galium bungei*
小斑叶兰	*Goodyera repens*
常春藤	*Hedera nepalensis* var. *sinensis*
青荚叶	*Helwingia japonica*
川鄂獐耳细辛	*Hepatica henryi*
鹰爪枫	*Holboellia coriacea*
五月瓜藤	*Holboellia fargesii*
长柄绣球	*Hydrangea longipes*
腊连绣球	*Hydrangea strigosa*
刺叶冬青	*Ilex bioritsensis*
榕叶冬青	*Ilex ficoidea*
中型刺叶冬青	*Ilex intermedia* var. *fangii*
大果冬青	*Ilex macrocarpa*
具柄冬青	*Ilex pedunculosa*
猫儿刺	*Ilex pernyi*
红茴香	*Illicium henryi*
箬竹	*Indocalamus tessellatus*
月月青	*Itea ilicifolia*
野核桃	*Juglans cathayensis*
刺楸	*Kalopanax septemlobus*
棣棠花	*Kerria japonica*
铁坚杉	*Keteleeria davidiana*
动蕊花	*Kinostemon ornatum*
山莴苣	*Lagedium sibiricum*
薄雪火绒草	*Leontopodium japonicum*
美丽胡枝子	*Lespedeza formosa*
川鄂橐吾	*Ligularia wilsoniana*

（续）

植 物 名	拉 丁 学 名
女贞	*Ligustrum lucidum*
香叶树	*Lindera communis*
香叶子	*Lindera fragrans*
黑壳楠	*Lindera megaphylla*
三桠乌药	*Lindera obtusiloba*
钓樟	*Lindera pulcherrima*
川钓樟	*Lindera pulcherrima* var. *hemsleyana*
包果柯	*Lithocarpus cleistocarpus*
灰柯	*Lithocarpus henryi*
豹皮樟	*Litsea coreana* var. *sinensis*
黄丹木姜子	*Litsea elongata*
近轮叶木姜子	*Litsea elongata* var. *subverticillata*
宜昌木姜子	*Litsea ichangensis*
木姜子	*Litsea pungens*
淡红忍冬	*Lonicera acuminata*
唐古特忍冬	*Lonicera tangutica*
珍珠花	*Lyonia ovalifolia*
小果珍珠花	*Lyonia ovalifolia* var. *elliptica*
宜昌润楠	*Machilus ichangensis*
小果润楠	*Machilus microcarpa*
湖北杜茎山	*Maesa hupehensis*
华中木兰	*Magnolia biondii*
武当木兰	*Magnolia sprengeri*
阔叶十大功劳	*Mahonia bealei*
野桐	*Mallotus japonicus* var. *floccosus*
湖北海棠	*Malus hupehensis*
巴东木莲	*Manglietia patungensis*
东方荚果蕨	*Matteuccia orientalis*
泡花树	*Meliosma cuneifolia*
垂枝泡花树	*Meliosma flexuosa*
红枝柴	*Meliosma oldhamii*
暖木	*Meliosma veitchiorum*
黄心夜合	*Michelia martinii*
水晶兰	*Monotropa uniflora*
鸡桑	*Morus australis*
铁仔	*Myrsine africana*
中华绣线梅	*Neillia sinensis*
簇叶新木姜子	*Neolitsea confertifolia*
巫山新木姜子	*Neolitsea wushanica*
慈竹	*Neosinocalamus affinis*
荆芥	*Nepeta cataria*
薄柱草	*Nertera sinensis*
异叶梁王茶	*Nothopanax davidii*
卵叶水芹	*Oenanthe rosthornii*
麦冬	*Ophiopogon japonicus*
红柄木樨	*Osmanthus armatus*
紫萁	*Osmunda japonica*
山酢浆草	*Oxalis acetosella* subsp. *griffithii*
细齿稠李	*Padus obtusata*

(续)

植 物 名	拉 丁 学 名
绢毛稠李	*Padus wilsonii*
鸡矢藤	*Paederia scandens*
铜钱树	*Paliurus hemsleyanus*
兔儿风蟹甲草	*Parasenecio ainsliiflorus*
白头蟹甲草	*Parasenecio leucocephalus*
金星蕨	*Parathelypteris glanduligera*
具柄重楼	*Paris fargesii* var. *petiolata*
华重楼	*Paris polyphylla* var. *chinensis*
北重楼	*Paris verticillata*
泡桐	*Paulownia fargesii*
毛裂蜂斗菜	*Petasites tricholobus*
绢毛山梅花	*Philadelphus sericanthus* var. *sericanthus*
竹叶楠	*Phoebe faberi*
白楠	*Phoebe neurantha*
桢楠	*Phoebe zhennan*
椤木石楠	*Photinia davidsoniae*
光叶石楠	*Photinia glabra*
苦木	*Picrasma quassioides*
美丽马醉木	*Pieris formosa*
波缘冷水花	*Pilea cavaleriei*
华山松	*Pinus armandii*
马尾松	*Pinus massoniana*
狭叶海桐	*Pittosporum glabratum* var. *neriifolium*
棱果海桐	*Pittosporum trigonocarpum*
崖花子	*Pittosporum truncatum*
化香树	*Platycarya strobilacea*
山拐枣	*Poliothyrsis sinensis*
湖北黄精	*Polygonatum zanlanscianense*
头花蓼	*Polygonum capitatum*
支柱蓼	*Polygonum suffultum*
日本水龙骨	*Polypodiodes niponica*
革叶耳蕨	*Polystichum neolobatum*
鄂报春	*Primula obconica*
卵叶报春	*Primula ovalifolia*
大叶假冷蕨	*Pseudocystopteris atkinsonii*
三角叶假冷蕨	*Pseudocystopteris subtriangularis*
凤尾蕨	*Pteris cretica* var. *nervosa*
异叶囊瓣芹	*Pternopetalum heterophyllum*
湖北枫杨	*Pterocarya hupehensis*
青檀	*Pteroceltis tatarinowii*
白辛树	*Pterostyrax psilophyllus*
火棘	*Pyracantha fortuneana*
鹿蹄草	*Pyrola calliantha*
普通鹿蹄草	*Pyrola decorata*
槲栎	*Quercus aliena*
锐齿槲栎	*Quercus aliena* var. *acutiserrata*
匙叶栎	*Quercus dolicholepis*
巴东栎	*Quercus engleriana*
青稠	*Quercus myrsinaefolia*

（续）

植　物　名	拉　丁　学　名
乌冈栎	*Quercus phillyraeoides*
枹栎	*Quercus serrata*
短柄枹栎	*Quercus serrata* var. *brevipetiolata*
刺叶高山栎	*Quercus spinosa*
栓皮栎	*Quercus variabilis*
优雅杜鹃	*Rhododendron concinnum*
粉白杜鹃	*Rhododendron hypoglaucum*
满山红	*Rhododendron mariesii*
照山白	*Rhododendron micranthum*
粉红杜鹃	*Rhododendron oreodoxa* var. *fargesii*
红晕杜鹃	*Rhododendron roseatum*
映山红	*Rhododendron simsii*
四川杜鹃	*Rhododendron sutchuenense*
盐肤木	*Rhus chinensis*
青麸杨	*Rhus potaninii*
宝兴茶藨子	*Ribes moupinense*
刺槐	*Robinia pseudoacacia*
鬼灯檠	*Rodgersia podophylla*
钝叶蔷薇	*Rosa sertata*
茜草	*Rubia cordifolia*
掌叶石蚕	*Rubiteucris palmata*
竹叶鸡爪茶	*Rubus bambusarum*
弓茎悬钩子	*Rubus flosculosus*
白叶莓	*Rubus innominatus*
四川清风藤	*Sabia schumanniana*
尖叶清风蕨	*Sabia swinhoei*
皂柳	*Salix wallichiana*
华鼠尾草	*Salvia chinensis*
变豆菜	*Sanicula chinensis*
乌桕	*Sapium sebiferum*
檫木	*Sassafras tzumu*
大耳叶风毛菊	*Saussurea macrota*
多头风毛菊	*Saussurea polycephala*
扇叶虎耳草	*Saxifraga rufescens* var. *flabellifolia*
五味子	*Schisandra chinensis*
钻地风	*Schizophragma integrifolium*
小齿钻地风	*Schizophragma integrifolium* f. *denticulatum*
小山飘风	*Sedum filipes*
华蟹甲	*Sinacalia tangutica*
串果藤	*Sinofranchetia chinensis*
风龙	*Sinomenium acutum*
山白树	*Sinowilsonia henryi*
茵芋	*Skimmia reevesiana*
小叶菝葜	*Smilax microphylla*
鞘柄菝葜	*Smilax stans*
水榆花楸	*Sorbus alnifolia*
毛背花楸	*Sorbus aronioides*
石灰花楸	*Sorbus folgneri*
湖北花楸	*Sorbus hupehensis*

（续）

植 物 名	拉 丁 学 名
陕甘花楸	*Sorbus koehneana*
大果花楸	*Sorbus megalocarpa*
华西花楸	*Sorbus wilsoniana*
黄脉花楸	*Sorbus xanthoneura*
长果花楸	*Sorbus zahlbruckneri*
中华绣线菊	*Spiraea chinensis*
渐尖粉花绣线菊	*Spiraea japonica* var. *acuminata*
中国旌节花	*Stachyurus chinensis*
宽叶旌节花	*Stachyurus chinensis* var. *latus*
西域旌节花	*Stachyurus himalaicus*
紫茎	*Stewartia sinensis*
波叶红果树	*Stranvaesia davidiana* var. *undulata*
红皮树	*Styrax suberifolia*
獐牙菜	*Swertia bimaculata*
梾木	*Swida macrophylla*
卷毛梾木	*Swida ulotricha*
水丝梨	*Sycopsis sinensis*
薄叶山矾	*Symplocos anomala*
华山矾	*Symplocos chinensis*
叶萼山矾	*Symplocos phyllocalyx*
红豆杉	*Taxus chinensis*
厚皮香	*Ternstroemia gymnanthera*
盾叶唐松草	*Thalictrum ichangense*
黄水枝	*Tiarella polyphylla*
鄂椴	*Tilia oliveri*
粉椴	*Tilia oliveri*
香椿	*Toona sinensis*
巴山榧树	*Torreya fargesii*
野漆树	*Toxicodendron succedaneum*
漆	*Toxicodendron vernicifluum*
石血	*Trachelospermum jasminoides* var. *heterophyllum*
棕榈	*Trachycarpus fortunei*
黄花油点草	*Tricyrtis maculata*
峨眉双蝴蝶	*Tripterospermum cordatum*
黑紫藜芦	*Veratrum japonicum*
油桐	*Vernicia fordii*
陕川婆婆纳	*Veronica tsinglingensis*
桦叶荚蒾	*Viburnum betulifolium*
荚蒾	*Viburnum dilatatum*
宜昌荚蒾	*Viburnum erosum*
直角荚蒾	*Viburnum foetidum* var. *rectangulatum*
巴东荚蒾	*Viburnum henryi*
球核荚蒾	*Viburnum propinquum*
合轴荚蒾	*Viburnum sympodiale*
鸡腿堇菜	*Viola acuminata*
深圆齿堇菜	*Viola davidii*
长梗紫花堇菜	*Viola faurieana*
柔毛堇菜	*Viola principis*
深山堇菜	*Viola selkirkii*

(续)

植 物 名	拉 丁 学 名
水马桑	*Weigela japonica* var. *sinica*
狗脊	*Woodwardia japonica*
异叶黄鹌菜	*Youngia heterophylla*
竹叶花椒	*Zanthoxylum armatum*
异叶花椒	*Zanthoxylum ovalifolium*
大果榉	*Zelkova sinica*

4.1.2 乔木层植物种组成

4.1.2.1 常绿落叶阔叶混交林观测场

表 4-3 2006 年常绿落叶阔叶混交林观测场乔木层植物物种组成

植物名	株数（株/样地）	平均胸径（cm）	平均高度（m）	生活型
巴东栎	7	16.11	12.0	中高位芽
包果柯	12	21.76	10.4	中高位芽
檫木	1	30.80	22.0	中高位芽
垂枝泡花树	6	7.80	11.2	中高位芽
刺叶高山栎	2	8.85	15.5	中高位芽
灯台树	2	31.85	17.5	中高位芽
短柄枹栎	11	28.24	15.6	中高位芽
多脉青冈	235	11.64	9.8	中高位芽
粉白杜鹃	95	8.16	9.2	中高位芽
粉椴	3	18.36	12.2	中高位芽
红柄木槲	2	6.75	8.0	小高位芽
湖北鹅耳枥	4	15.83	14.3	中高位芽
华榛	1	25.40	22.0	中高位芽
化香树	4	29.04	19.8	中高位芽
灰柯	2	9.18	14.0	中高位芽
建始槭	5	16.79	14.8	中高位芽
具柄冬青	7	8.01	9.4	中高位芽
卷毛梾木	2	9.48	5.5	中高位芽
连香树	2	32.41	20.5	中高位芽
亮叶桦	1	31.20	8.0	中高位芽
领春木	11	13.28	13.9	中高位芽
曼青冈	1	13.50	13.0	中高位芽
毛背花楸	5	10.89	12.2	中高位芽
米心水青冈	61	16.73	13.4	中高位芽
漆	2	21.12	18.0	中高位芽
青钱柳	5	15.10	10.0	中高位芽
青榨槭	6	18.31	11.5	中高位芽
锐齿槲栎	3	25.28	15.0	中高位芽
三桠乌药	26	16.22	12.8	中高位芽
色木槭	20	17.21	14.5	中高位芽
山白树	8	16.04	13.3	中高位芽
深裂中华槭	16	10.19	11.9	中高位芽

(续)

植物名	株数（株/样地）	平均胸径（cm）	平均高度（m）	生活型
石灰花楸	14	18.11	13.4	中高位芽
水榆花楸	2	19.78	19.5	中高位芽
四照花	66	10.25	10.4	中高位芽
微毛樱桃	1	5.00	13.0	中高位芽
武当木兰	2	16.55	9.0	中高位芽
西南卫矛	1	4.30	5.0	小高位芽
细齿稠李	5	20.47	15.0	中高位芽
狭翅桦	6	24.46	16.3	中高位芽
香椿	5	18.95	17.0	小高位芽
小花香槐	1	8.30	12.0	中高位芽
血皮槭	8	22.97	16.0	中高位芽
野鸭椿	1	16.20	17.0	小高位芽
叶蓴山矾	4	6.09	13.0	中高位芽
皂柳	4	22.75	15.8	中高位芽
珍珠花	12	8.10	9.2	中高位芽
椎栗	2	37.03	14.5	中高位芽
紫茎	5	13.90	16.4	中高位芽

4.1.2.2 亚高山针叶林观测场

表4-4 2006年亚高山针叶林观测场乔木层植物物种组成

植物名	株数（株/样地）	平均胸径（cm）	平均高度（m）	生活型
巴山冷杉	49	44.49	22.4	大高位芽
白桦	2	25.67	20.0	中高位芽
红晕杜鹃	2	9.33	6.0	小高位芽
红桦	7	25.85	16.4	中高位芽
陕甘花楸	3	9.06	7.0	中高位芽
唐古特忍冬	2	7.31	5.8	小高位芽
槭树	3	12.03	8.7	中高位芽
青榨槭	3	7.80	6.3	中高位芽
扇叶槭	2	18.42	12.0	大高位芽
西南卫矛	1	6.70	6.0	小高位芽
小叶黄杨	5	9.71	3.8	小高位芽

4.1.3 灌木层植物种组成

4.1.3.1 常绿落叶阔叶混交林观测场

表4-5 2006年常绿落叶阔叶混交林观测场灌木层植物物种组成

植物名	株（丛）数（株或丛/样地）	平均高度（m）	平均盖度（%）
宝兴茶藨子	56	0.8	1.5
常春藤	156	0.2	0.3
淡红忍冬	56	0.4	0.4
蚝猪刺	56	0.3	0.3
桦叶荚蒾	67	1.0	1.0

（续）

植物名	株（丛）数（株或丛/样地）	平均高度（m）	平均盖度（%）
灰栒子	56	2.0	3.0
箭竹	29 300	1.3	44.1
猫儿刺	111	1.1	1.8
鞘柄菝葜	211	0.5	1.2
青荚叶	144	0.7	0.2
箬竹	3 022	0.8	29.1
三叶木通	222	1.8	3.8
五叶瓜藤	67	0.3	0.3
香叶子	133	0.3	1.5
紫花卫矛	178	0.6	3.0
钻地风	56	0.2	0.3
紫珠	8	1.5	4.0

4.1.3.2 亚高山针叶林观测场

表 4-6　2006 年亚高山针叶林观测场灌木层植物物种组成

植物名	平均高度（m）	生活型
大叶卫矛	1.5	小高位芽
箭竹	4.0	小高位芽
金腰带	0.8	矮高位芽
南方六道木	1.0	小高位芽
矩圆叶卫矛	2.5	小高位芽
五味子	2.5	小高位芽

4.1.4　草本层植物种组成

4.1.4.1 常绿落叶阔叶混交林观测场

表 4-7　2006 年常绿落叶阔叶混交林观测场草本层植物物种组成

植物名	株（丛）数（株或丛/样地）	平均高度（cm）	平均盖度（%）
阿齐苔草	111	0.2	0.2
波缘冷水花	256	0.1	0.1
川鄂獐耳细辛	300	0.1	0.2
大舌苔草	56	0.2	0.3
大叶山芥	656	0.2	0.9
动蕊花	78	0.2	1.0
革叶耳蕨	567	0.4	3.5
谷蓼	78	0.1	0.2
褐果苔草	2 856	0.2	3.9
华鼠尾草	133	0.3	1.0
黄水枝	278	0.2	0.3
鸡矢藤	156	0.4	0.4
鸡腿堇菜	1 144	0.1	0.2

（续）

植物名	株（丛）数（株或丛/样地）	平均高度（cm）	平均盖度（%）
卵叶水芹	178	0.2	3.0
普通鹿蹄草	222	0.1	0.1
三脉紫菀	533	0.2	1.6
山萮苣	289	0.3	0.5
陕川婆婆纳	744	0.1	0.5
扇叶虎耳草	111	0.1	0.2
深山堇菜	167	0.1	0.2
四叶葎	222	0.1	0.2
兔儿风蟹甲草	233	0.3	0.3
小山飘风	778	0.1	0.3
淫羊藿	267	0.2	1.8
支柱蓼	89	0.2	0.3

4.1.4.2 亚高山针叶林观测场

表 4-8 2006 年亚高山针叶林观测场草本层植物物种组成

植物名	平均高度（cm）	平均盖度（%）	生活型
川鄂橐吾	0.9	1.1	地面芽
大耳叶风毛菊	0.9	9.1	地面芽
短毛金线草	1.0	1.9	地上芽
钝叶楼梯草	0.3	1.5	隐芽
凤尾蕨	0.5	0.7	地上芽
尖叶清风藤	0.5	5.4	攀援植物
荆芥	1.0	0.1	地面芽
类叶升麻	0.4	2.5	地面芽
南方山荷叶	0.5	2.4	隐芽
三褶脉紫菀	0.6	1.0	地面芽
上天梯	0.2	1.7	隐芽
星果草	1.6	4.0	隐芽

4.1.5 神农架站区辅助样地调查数据

4.1.5.1 马尾松林

表 4-9 2002 年马尾松林群落调查数据

植物名	株数	平均高度（m）	平均盖度（%）
马尾松	60	14.0	60.0
山合欢	6	15.0	30.0
化香树	20	12.0	25.0
枹栎	3	9.0	8.0
栓皮栎	3	7.0	5.0
乌柿	3	10.0	8.0
铁坚油杉	1	8.0	2.0

4.1.5.2　栓皮栎、槲栎林

表 4 - 10　2002 年栓皮栎、槲栎林群落调查数据

植物名	株数	平均高度（m）	平均盖度（%）
槲栎	8	15.0	8.0
栓皮栎	45	16.0	45.0
油桐	2	1.2	2.0
凤尾竹	2	7.0	6.0
盐肤木	7	7.4	7.4
化香树	25	12.0	25.0
柏木	4	12.0	4.0

4.1.5.3　刺槐林

表 4 - 11　2002 年刺槐林群落调查数据

植物名	株数	平均高度（m）	平均盖度（%）
刺槐	26	8.0	60.0
栓皮栎	3	10.0	12.0
喜树	4	10.0	15.0
茅栗	3	8.0	12.0
槲栎	2	7.0	6.0
棕榈	7	6.0	10.0
朴树	2	6.0	5.0
柏木	3	8.0	60.0
乌桕	1	10.0	12.0
泡桐	4	10.0	15.0
樟树	1	8.0	12.0
慈竹	2	7.0	6.0
油桐	1	6.0	10.0

4.1.5.4　黑壳楠林

表 4 - 12　2002 年黑壳楠林群落调查数据

植物名	株数	总胸径断面积（m²/hm²）	相对密度（%）	相对显著度（%）
黑壳楠	64	12.35	37.2	38.0
多脉青冈	32	3.42	18.6	10.5
化香树	11	5.80	6.4	17.8
细叶青冈	16	3.11	9.3	9.6
四照花	7	1.97	4.1	6.0
华千金榆	6	1.85	3.5	5.7
巴东栎	8	0.68	4.7	2.1
红茴香	5	0.24	2.9	0.7
刺楸	3	0.52	1.7	1.6
灯台树	1	0.65	0.6	2.0
美丽马醉木	3	0.27	1.7	0.8
领春木	3	0.24	1.7	0.7
野鸦椿	3	0.12	1.7	0.4
鸡爪槭	1	0.44	0.6	1.4

（续）

植物名	株数	总胸径断面积（m²/hm²）	相对密度（%）	相对显著度（%）
榕叶冬青	1	0.29	0.6	0.9
香叶树	2	0.03	1.2	0.1
大叶白腊树	1	0.16	0.6	0.5
近轮叶木姜子	1	0.16	0.6	0.5
椎栗	1	0.15	0.6	0.5
匙叶栎	1	0.06	0.6	0.2
香果树	1	0.01	0.6	0.0
石灰花楸	1	0.02	0.6	0.1

4.1.5.5　青冈栎林

表 4-13　2002 年青冈栎林群落调查数据

植物名	株数	总胸径断面积（m²/hm²）	相对密度（%）	相对显著度（%）
青冈	63	6.50	30.3	19.7
领春木	16	2.20	7.7	6.8
猫耳刺	13	0.30	6.3	1.0
包槲柯	13	3.70	6.3	11.1
野漆树	8	3.80	3.8	11.5
曼青冈	24	2.50	11.5	7.7
川桂	5	0.20	2.4	0.5
青榨槭	8	2.60	3.8	8.0
锐齿槲栎	5	2.20	2.4	6.8
血皮槭	8	1.50	3.8	4.4
细叶青冈	9	0.80	4.3	2.3
中华槭	4	1.60	1.9	4.8
华中木兰	5	0.30	2.4	0.9
泡花树	5	0.20	2.4	0.5
长柄绣球	5	0.80	2.4	2.5
鄂椴	3	0.90	1.4	2.7
三桠乌药	3	0.40	1.4	1.1
灯台树	1	0.80	0.5	2.4
湖北枫杨	1	0.60	0.5	1.7
亮叶桦	1	0.40	0.5	1.2
地锦槭	2	0.20	1.0	0.6

4.1.5.6　匙叶栎林

表 4-14　2002 年匙叶栎林群落调查数据

植物名	株数	总胸径断面积（m²/hm²）	相对密度（%）	相对显著度（%）
匙叶栎	11	5.91	44.0	62.4
毛黄栌	8	1.39	32.0	14.7
刺叶栎	2	1.21	8.0	12.8
青冈栎	2	0.74	8.0	7.8
棱果海桐	1	0.20	4.0	2.1
铁仔	1	0.02	4.0	0.3

4.1.5.7 水丝梨林

表 4 - 15 2002 年水丝梨林群落调查数据

植物名	株数	平均胸径（cm）	平均高度（m）
水丝梨	76	12.70	10.1
青麸杨	2	26.75	16.5
女贞	1	8.50	7.0
异叶花椒	1	6.70	12.0

4.1.5.8 灰柯林

表 4 - 16 2002 年灰柯林群落调查数据

植物名	株数	平均胸径（cm）	平均高度（m）
灰柯	76	8.80	6.9
盐肤木	9	9.30	7.5
桗木	4	9.10	7.3
石灰花楸	3	6.30	8.0
香叶树	2	6.30	6.5
茅栗	2	11.90	7.0
短柄枹栎	3	8.10	5.7
野桐	2	8.40	5.0
构树	1	13.60	9.0
亮叶桦	2	6.40	7.8
野樱桃	1	12.80	9.0
青麸杨	1	11.70	8.0
竹叶楠	1	11.70	8.5
八仙花	2	5.00	4.0
马桑	1	9.10	6.0
青檀	1	4.90	6.0
宜昌木姜子	1	4.50	4.0
鹅耳枥	1	4.30	5.0

4.1.5.9 灰柯、化香、茅栗林

表 4 - 17 2002 年灰柯、化香、茅栗林群落调查数据

植物名	株数	平均胸径（cm）	平均高度（m）
灰柯	33	8.80	8.2
化香树	14	11.60	11.4
茅栗	13	11.00	8.0
栓皮栎	7	10.30	7.9
亮叶桦	4	11.10	10.5
桗木	3	7.30	7.7
野桐	3	4.40	4.7
野樱桃	2	11.30	6.5
青麸杨	2	5.00	6.0
盐肤木	1	9.80	10.0
宜昌润楠	1	8.20	7.0
中国旌节花	1	7.50	11.0
竹叶楠	1	6.50	6.0
宜昌木姜子	1	5.80	9.0
华中山柳	1	4.80	5.0
白楠	1	4.40	5.0

4.1.5.10 竹叶楠、多脉青冈、青冈林

表 4-18 2002 年竹叶楠、多脉青冈、青冈林群落调查数据

植物名	株数	平均胸径（cm）	平均高度（m）
竹叶楠	20	6.30	6.0
多脉青冈	21	5.90	6.1
青冈	10	8.00	7.3
香叶树	12	5.50	6.3
宜昌荚蒾	12	4.30	4.3
黄心夜合	6	5.70	6.3
月月青	5	6.20	5.4
化香树	2	13.50	5.0
鹅耳枥	4	5.70	7.0
椋木	4	5.40	6.1
青麸杨	3	6.60	7.0
水丝梨	2	6.20	7.0
铜钱树	2	7.60	9.0
黑壳楠	2	6.60	7.0
山拐枣	2	5.80	7.5
香桂	2	5.20	5.5
巴东栎	2	4.70	4.5
包槲柯	1	8.30	8.0
鼠李	1	7.30	8.0
野枇杷	1	6.20	6.0
青檀	1	5.70	6.0
野核桃	1	5.70	4.0
毛黄栌	1	5.00	3.0
光蜡树	1	4.70	7.0
火棘	1	4.50	6.0
中国旌节花	1	4.00	4.0
山羊角树	1	4.00	5.0

4.1.5.11 竹叶楠、黄心夜合林

表 4-19 2002 年竹叶楠、黄心夜合群落调查数据

植物名	株数	平均胸径（cm）	平均高度（m）
竹叶楠	15	6.20	5.8
黄心夜合	10	7.70	7.5
青麸杨	6	9.60	9.2
青冈	5	8.30	8.4
铜钱树	6	6.60	6.7
黑壳楠	3	11.00	8.3
水丝梨	5	6.30	6.8
月月青	5	5.80	4.9
化香树	4	6.80	7.3
椋木	3	7.40	8.0
毛黄栌	3	6.20	5.7

(续)

植物名	株数	平均胸径（cm）	平均高度（m）
宜昌润楠	2	6.20	6.0
异叶梁王茶	2	5.70	4.3
钓樟	1	12.30	11.0
多脉青冈	2	5.80	4.5
香叶树	2	4.60	6.0
鹅耳枥	1	8.00	8.0
光蜡树	1	7.30	7.0
山羊角树	1	5.80	6.0
小果润楠	1	5.80	5.0
异叶榕	1	4.50	4.0

4.1.5.12 青冈、香叶树、白楠群落

表4-20 2002年青冈、香叶树、白楠群落调查数据

植物名	株数	平均胸径（cm）	平均高度（m）
青冈	23	9.20	8.9
香叶树	15	7.60	8.7
白楠	11	8.90	9.5
山拐枣	4	17.00	12.8
冬青	5	9.10	9.2
苦木	5	6.90	9.6
楠木	4	8.80	8.0
钓樟	3	8.30	7.7
梾木	2	14.00	14.0
鹅耳枥	3	4.80	7.0
鸡桑	1	21.60	14.0
竹叶楠	2	6.20	7.0
刺叶冬青	2	10.10	7.0
铜钱树	2	10.40	12.5
紫荆	2	10.20	13.5
香椿	1	13.40	14.0
宜昌润楠	1	12.00	11.0
大果卫矛	1	10.90	6.0
宜昌荚蒾	1	10.70	5.0
臭椿	1	10.20	12.0
野枇杷	1	9.80	5.0
中国旌节花	1	9.40	10.0
小果润楠	1	9.10	7.0
香叶子	1	8.60	9.0
尖叶女贞	1	6.10	5.0
榕树	1	5.50	7.0
月月青	1	5.30	5.0
石楠	1	5.00	7.0
异叶榕	1	4.60	6.0

4.1.5.13 宜昌润楠、青冈、小果润楠群落

表 4－21 2002 年宜昌润楠、青冈、小果润楠群落调查数据

物种名	株数	平均胸径（cm）	平均高度（m）
宜昌润楠	38	7.20	10.6
青冈	25	8.90	10.6
小果润楠	23	7.70	11.5
香叶树	15	6.20	10.1
竹叶楠	7	7.30	9.1
冬青	5	9.00	12.2
光蜡树	5	10.20	11.6
野枇杷	3	9.20	8.7
白楠	4	7.50	7.5
君迁子	2	10.90	12.5
青钱柳	1	16.70	16.0
宜昌荚蒾	2	6.30	6.5
椋木	1	10.80	13.0
香叶子	2	4.70	8.0
裂叶槭	1	9.10	12.0
青麸杨	1	8.30	13.0
紫荆	1	7.80	14.0

4.1.5.14 米心水青冈、多脉青冈群落

表 4－22 米心水青冈、多脉青冈群落调查数据

物种名	株数	平均胸径（cm）	平均高度（m）
多脉青冈	8	9.28	7.9
米心水青冈	5	21.6	15.2
紫茎	3	10.8	14.7
皂柳	1	33.6	17
三桠乌药	1	18.3	16
湖北鹅耳枥	1	18.1	12
水榆花楸	1	13.5	17
粉白杜鹃	1	5.5	5.5

4.2 土壤监测数据

4.2.1 土壤交换量

4.2.1.1 常绿落叶阔叶混交林观测场

表 4－23 常绿落叶阔叶林混交林观测场土壤交换量

土壤类型：黄棕壤　　母质：石灰岩

年份	采样深度（cm）	交换性钾离子 $[mmol/kg\ (K^+)]$	交换性钠离子 $[mmol/kg\ (Na^+)]$
2006	0～20	3.26	1.95

4.2.1.2 亚高山针叶林观测场

表4-24 亚高山针叶林观测场土壤交换量

土壤类型：山地暗棕壤　　母质：石灰岩

年份	采样深度（cm）	交换性钾离子 [mmol/kg（K$^+$）]	交换性钠离子 [mmol/kg（Na$^+$）]
2006	0—20	2.27	3.12

4.2.2 土壤养分

4.2.2.1 常绿落叶阔叶混交林观测场

表4-25 2006年常绿落叶阔叶混交林观测场土壤养分

土壤类型：黄棕壤　　母质：石灰岩

采样深度 （cm）	土壤有机 质（g/kg）	全氮 （N g/kg）	全磷 （P g/kg）	全钾 （K g/kg）	速效氮［水解 氮（N mg/kg）]	有效磷 （P mg/kg）	速效钾 （K mg/kg）	pH （H$_2$O）
表土	12.74	0.49	0.11	1.13	375.45	4.15	241.68	5.78
0～10	7.76	0.47	0.10	1.48				
10～20	6.89	0.40	0.10	1.15				
20～40	7.40	0.39	0.11	1.38				
40～60	5.72	0.34	0.11	1.42				
60～100	5.54	0.33	0.09	1.61				

4.2.2.2 亚高山针叶林观测场

表4-26 2006年亚高山针叶林观测场土壤养分

土壤类型：山地暗棕壤　　母质：石灰岩

采样深度 （cm）	土壤有机 质（g/kg）	全氮 （N g/kg）	全磷 （P g/kg）	全钾 （K g/kg）	速效氮［水解 氮（N mg/kg）]	有效磷 （P mg/kg）	速效钾 （K mg/kg）	pH （H$_2$O）
表土	14.93	0.62	0.11	1.63	509.63	1.7	137.02	4.92
0～10	17.50	0.71	0.12	1.78				
10～20	11.59	0.50	0.11	1.81				
20～40	9.03	0.33	0.07	1.65				
40～60	6.03	0.26	0.08	2.01				
60～100	4.87	0.22	0.08	1.72				

4.2.3 土壤监测第二套指标—社会经济调查数据

表4-27 神农架站社会经济调查数据

县市 （乡） 名称	采集 年份	总人口 （万人）	地方 财政 总收入 （万元）	农业 总产值 （万元）	农村 总人口 （万人）	农村 总劳力 （万人）	农林牧 副渔劳力 （万人）	行政区 面积 （km²）	耕地 面积 （hm²）	林（草地） 面积 （林业用地） （hm²）	湿地 面积 （hm²）	沙漠化 面积 （hm²）	粮食 播种 面积 （hm²）	粮食 总产量 （t）
兴山县南阳镇	2000	1.20	315	2 112	1.10	0.66	0.52	273.43	1 302	22 389	0	0	2 444	6 194
兴山县南阳镇	2001	1.24	247	2 481	1.15	0.68	0.54	273.43	1 357	22 389	0	0	2 141	6 465
兴山县南阳镇	2002	1.24	226	2 679	1.14	0.70	0.52	273.43	1 236	22 389	0	0	2 383	5 071
兴山县南阳镇	2003	1.24	179	3 651	1.13	0.71	0.45	273.43	2 169	23 269	0	0	2 177	4 729

（续）

县市（乡）名称	采集年份	总人口（万人）	地方财政总收入（万元）	农业总产值（万元）	农村总人口（万人）	农村总劳力（万人）	农林牧副渔劳力（万人）	行政区面积（km²）	耕地面积（hm²）	林（草地）面积（林业用地）（hm²）	湿地面积（hm²）	沙漠化面积（hm²）	粮食播种面积（hm²）	粮食总产量（t）
兴山县南阳镇	2004	1.24	216	4 954	1.13	0.70	0.47	273.43	1 836	23 269	0	0	2 157	4 736
兴山县南阳镇	2005	1.24	228	5 203	1.14	0.70	0.45	273.43	1 784	23 269	0	0	1 904	4 556
兴山县南阳镇	2006	1.24	181	4 911	1.14	0.71	0.43	273.43	1 763	23 269	0	0	1 723	4 363

4.2.4 土壤理化分析方法

表4-28 土壤理化分析方法

表名称	分析项目名称	分析方法名称	参照国标名称
土壤养分	pH	水浸提—电位法	GB7859—87
土壤硝态氮和铵态氮的动态变化	铵态氮	2mol/L KCl 浸提，靛酚蓝比色法测定	
土壤养分	缓效钾	硝酸煮沸浸提- ICP 法	LY/T 1235—1999
土壤养分	全氮	半微量开氏法	GB7173—87
土壤养分	全钾	$HClO_5$ - HF 消解，ICP - AES 测定	LY/T1254—1999
土壤养分	全磷	$HClO_4$ - HF 消解，ICP - AES 测定	LY/T 1254—1999
土壤养分	速效氮	碱解扩散法	LY/T1229—1999
土壤养分	速效钾	CH_3COONH_4 浸提，ICP - AES 测定	LY/T1236—1999
土壤养分	土壤有机质	重铬酸钾氧化—外加热法	GB7857—87
土壤硝态氮和铵态氮季节动态变化	硝态氮	镀铜锌粒还原紫外分光光度法	
土壤养分	有效磷	盐酸—氟化铵浸提—钼锑抗比色法	LY/T 1233—1999

4.3 气象监测数据

4.3.1 温度

表4-29 人工观测气象要素—温度

单位：℃

年份	月份	日平均值月平均	日最大值月平均	日最小值月平均	月极大值	极大值日期	月极小值	极小值日期
2000	1	−1.49	0.99	−3.71	13.9	3	−12.1	29
2000	2	−0.50	3.44	−3.42	8.4	15	−9.7	2
2000	3	5.55	10.53	2.19	24.1	30	−4.7	1
2000	4	11.15	16.54	7.53	23.4	13	3.0	16
2000	5	15.72	21.09	12.48	28.6	14	8.3	2
2000	6	18.46	22.22	16.02	27.3	30	10.7	11
2000	7	21.30	24.78	19.11	29.1	31	12.0	31
2000	8	19.73	23.51	17.45	26.9	8	13.6	28
2000	9	14.92	19.25	12.30	27.2	4	7.7	13
2000	10	10.80	14.67	8.45	24.7	7	−1.3	30
2000	11	3.83	8.78	0.98	20.5	6	−4.8	21
2000	12	1.25	6.16	−2.05	12.5	25	−10.3	13

（续）

年份	月份	日平均值月平均	日最大值月平均	日最小值月平均	月极大值	极大值日期	月极小值	极小值日期
2001	1	−0.37	2.74	−2.72	8.0	3	−9.0	28
2001	2	1.65	5.60	−1.06	14.3	18	−8.0	16
2001	3	6.44	12.47	2.36	20.3	14	−4.6	8
2001	4	9.75	14.01	6.72	22.6	18	0.8	10
2001	5	14.61	19.60	11.11	27.8	23	6.3	2
2001	6	17.91	21.86	15.09	27.9	15	9.3	4
2001	7	21.73	26.48	18.76	30.1	10	16.1	13
2001	8	19.01	23.69	16.26	29.9	6	13.5	24
2001	9	16.09	20.73	13.45	25.9	16	8.0	30
2001	10	11.74	15.40	9.55	23.2	10	3.7	28
2001	11	5.96	11.24	2.71	15.8	12	−2.5	20
2001	12	−0.21	2.60	−2.23	9.9	1	−7.8	21
2002	1	1.09	6.42	−2.59	14.3	14	−7.7	21
2002	2	2.84	6.35	0.33	15.3	17	−6.3	2
2002	3	6.55	11.90	2.88	20.7	19	−1.5	6
2002	4	9.79	13.75	6.87	24.4	22	0.9	10
2002	5	13.16	16.19	11.06	26.3	31	8.9	1
2002	6	19.80	24.45	16.76	27.5	15	12.8	4
2002	7	20.78	25.30	17.95	31.3	14	14.0	28
2002	8	18.47	22.64	16.06	29.8	5	11.8	14
2002	9	15.57	20.99	12.39	27.3	3	6.1	23
2002	10	10.33	16.58	6.61	23.7	1	−0.3	24
2002	11	4.23	9.21	1.28	21.1	6	−4.6	21
2002	12	0.91	5.83	−2.42	12.4	25	−10.6	13
2003	1	0.00	6.19	−4.70	13.8	16	−8.8	7
2003	2	2.20	6.51	−1.00	16.8	21	−7.0	4
2003	3	4.31	9.72	0.62	24.2	30	−8.2	6
2003	4	10.41	15.81	6.11	26.4	16	−0.6	5
2003	5	13.93	19.12	9.52	27.5	30	0.2	16
2003	6	19.62	24.35	13.13	28.7	19	7.7	12
2003	7	20.60	26.00	17.12	32.2	31	10.5	7
2003	8	20.61	24.61	16.84	32.8	2	14	22
2003	9	16.47	22.72	12.13	28.1	18	7.3	22
2003	10	10.12	15.83	6.13	20.2	21	0.9	28
2003	11	5.53	11.12	1.48	20.8	6	−4.6	30
2003	12	0.46	4.72	−3.52	9.0	23	−8.5	24
2004	1	−1.21	2.13	−3.88	7.5	30	−10.5	27
2004	2	2.04	7.35	−1.58	15.5	15	−6.5	3
2004	3	6.11	11.23	2.33	21.9	17	−4.0	10
2004	4	5.45	11.30	2.06	19.2	2	−2.5	27
2004	5	14.50	19.21	11.30	27.3	20	5.8	5
2004	6	17.43	21.90	14.53	28.4	26	10.0	1
2004	7	20.39	24.84	17.89	29.6	4	12.0	12
2004	8	19.22	22.64	17.16	29.3	9	13.8	18
2004	9	15.46	19.95	12.98	27.0	17	7.7	9
2004	10	10.00	14.64	6.88	21.4	9	0.1	9
2004	11	5.42	11.30	2.06	19.2	2	−2.5	27

（续）

年份	月份	日平均值月平均	日最大值月平均	日最小值月平均	月极大值	极大值日期	月极小值	极小值日期
2004	12	0.82	5.23	−1.96	12.0	15	−13.2	31
2005	1	−1.50	1.53	−3.74	7.4	6	−10.5	1
2005	2	−0.94	1.76	−2.87	15.3	24	−9.0	20
2005	3	5.15	9.90	2.12	19.8	10	−3.9	12
2005	4	12.34	18.96	8.04	26.7	7	1.7	17
2005	5	15.20	18.73	12.91	23.9	27	6.0	6
2005	6	19.36	24.17	16.48	30.4	23	11.7	12
2005	7	21.97	25.91	19.75	29.5	30	16.4	11
2005	8	19.10	22.00	17.25	30.3	12	12.5	21
2005	9	17.07	21.26	14.40	28.4	16	10.7	7
2005	10	10.16	13.95	7.94	19.8	1	0.7	29
2005	11	7.29	10.61	4.38	18.2	4	−2.5	29
2005	12	0.68	4.27	−1.92	9.3	23	−6.9	15
2006	1	−0.72	2.59	−2.89	16.1	29	−9.7	7
2006	2	1.21	4.38	−1.01	14.6	1	−5.1	28
2006	3	6.02	11.47	2.30	18.3	30	−6.8	1
2006	4	11.56	17.16	7.53	27.1	30	0.5	13
2006	5	15.56	21.07	11.93	27.3	3	7.5	15
2006	6	19.67	24.88	16.61	32.0	18	13.4	15
2006	7	21.99	26.06	19.47	30.7	19	12.0	27
2006	8	21.20	26.06	18.51	31.1	14	14.7	2
2006	9	15.63	20.29	13.13	31.3	3	7.3	11
2006	10	12.41	17.55	9.38	24.1	11	6.3	11
2006	11	6.95	11.56	4.30	23.7	4	0.2	30
2006	12	0.95	5.49	−1.87	12.7	25	−6.5	17
2007	1	0.21	4.23	−4.57	13.4	31	−8.4	18
2007	2	4.74	10.56	−0.43	15.5	26	−7.5	1
2007	3	6.43	10.91	1.71	27.5	29	−1.9	6
2007	4	11.55	17.38	4.49	26.7	19	2.2	3
2007	5	17.76	24.13	10.40	28.7	20	3.7	4
2007	6	19.01	24.21	13.29	27	25	14.2	10
2007	7	21.51	25.34	17.77	28.2	16	14.9	10
2007	8	21.54	26.75	16.14	29.9	18	11.1	14
2007	9	16.06	21.40	10.84	25.9	27	5.2	22
2007	10	11.73	16.56	8.33	23.9	14	3.2	15
2007	11	5.39	11.08	1.66	18.5	3	−7.2	27
2007	12	−0.91	4.89	−3.96	13.5	2	−8.9	22
2008	1	−3.16	−0.08	−6.57	11.2	8	−17.7	29
2008	2	−1.00	3.79	−6.71	13.8	22	−14.10	2
2008	3	6.70	13.91	1.47	22.6	27	−4.70	3
2008	4	10.86	17.50	5.90	26	30	−1.30	2
2008	5	15.57	23.03	9.70	28.4	1	4.30	4
2008	6	18.10	24.30	13.33	30.4	28	9.00	11
2008	7	20.27	25.78	16.59	29.6	14	10.70	7
2008	8	18.83	24.85	14.95	30.3	20	8.90	31
2008	9	17.02	22.25	13.71	28.20	9	6.60	6
2008	10	11.73	16.56	8.33	23.90	14	3.20	15
2008	11	5.39	11.08	1.66	18.50	3	−7.20	27
2008	12	−1.54	4.89	−3.96	13.5	2	−8.90	22

4.3.2　湿度

表 4－30　人工观测气象要素—湿度

单位：%

年份	月份	日平均值月平均	日最大值月平均	日最小值月平均	月极大值	极大值日期	月极小值	极小值日期
2000	1	94	98	88	100	7	56	3
2000	2	87	97	75	100	1	37	8
2000	3	78	93	58	100	5	5	29
2000	4	72	90	50	99	2	27	13
2000	5	78	91	61	100	16	21	2
2000	6	89	96	79	100	5	47	30
2000	7	86	95	74	99	1	35	31
2000	8	89	97	76	100	4	45	27
2000	9	86	96	70	100	5	38	17
2000	10	90	98	78	100	1	34	31
2000	11	83	93	67	98	29	21	3
2000	12	82	92	67	100	12	25	23
2001	1	88	95	78	100	12	29	7
2001	2	83	91	71	100	20	36	10
2001	3	69	87	49	98	16	18	12
2001	4	80	92	64	100	20	24	17
2001	5	80	92	64	99	25	31	22
2001	6	85	94	73	99	9	41	5
2001	7	84	93	71	98	3	61	17
2001	8	86	96	72	99	2	58	24
2001	9	87	97	72	99	16	46	28
2001	10	91	97	81	99	15	49	10
2001	11	96	98	94	99	5	79	16
2001	12	95	98	91	100	5	62	30
2002	1	88	97	74	100	3	49	7
2002	2	91	97	81	100	25	47	17
2002	3	87	96	74	99	1	45	8
2002	4	94	98	89	100	27	45	6
2002	5	93	97	86	99	3	45	26
2002	6	86	95	73	98	8	39	3
2002	7	87	95	73	98	22	55	12
2002	8	89	97	76	100	14	41	31
2002	9	87	97	71	99	14	43	8
2002	10	85	97	66	99	9	34	6
2002	11	78	89	61	95	12	15	4
2002	12	76	87	60	96	12	15	23
2003	1	86	91	80	97	15	49	3
2003	2	80	91	67	98	9	29	26
2003	3	72	86	53	95	5	22	29
2003	4	65	83	43	94	2	18	13
2003	5	71	85	53	96	27	11	2
2003	6	76	89	80	96	8	38	30
2003	7	79	89	68	96	2	27	31
2003	8	83	91	69	96	8	39	26
2003	9	79	90	62	96	28	28	21

（续）

年份	月份	日平均值月平均	日最大值月平均	日最小值月平均	月极大值	极大值日期	月极小值	极小值日期
2003	10	83	92	70	98	12	26	31
2003	11	76	86	60	96	29	13	4
2003	12	75	85	61	94	19	18	23
2004	1	92	96	85	98	2	55	30
2004	2	85	95	69	98	1	48	9
2004	3	—		—	—	—	—	—
2004	4	89	97	74	99	11	46	2
2004	5	86	95	73	100	2	43	6
2004	6	88	97	74	100	4	43	26
2004	7	88	96	78	98	5	50	3
2004	8	92	98	83	99	4	57	18
2004	9	91	98	78	100	5	48	9
2004	10	84	93	70	99	4	51	4
2004	11	89	97	74	99	11	46	2
2004	12	92	97	83	100	14	56	10
2005	1	94	98	85	100	1	62	2
2005	2	93	98	87	100	3	44	24
2005	3	86	95	73	99	15	41	6
2005	4	79	92	63	98	4	5	27
2005	5	89	95	79	98	4	55	6
2005	6	88	97	76	99	6	7	29
2005	7	87	95	77	98	11	62	20
2005	8	92	97	84	99	21	62	12
2005	9	90	98	79	99	8	46	12
2005	10	92	98	82	99	8	54	7
2005	11	89	96	78	98	1	61	6
2005	12	88	96	75	100	15	46	23
2006	1	93	97	86	100	17	63	29
2006	2	93	97	86	100	2	53	12
2006	3	85	95	72	100	22	52	26
2006	4	82	93	68	99	12	39	18
2006	5	84	94	70	98	4	42	17
2006	6	84	94	70	98	2	38	18
2006	7	87	94	75	97	4	50	6
2006	8	87	96	73	98	2	49	2
2006	9	88	97	73	99	26	51	17
2006	10	88	97	72	99	25	40	11
2006	11	88	97	76	99	7	40	7
2006	12	90	97	79	100	31	48	25
2007	1	92	98	54	98	1	43	30
2007	2	87	98	60	98	2	43	1
2007	3	90	98	56	99	1	33	29
2007	4	79	99	56	99	29	29	10
2007	5	82	96	61	98	3	40	20
2007	6	86	95	63	98	21	42	5
2007	7	88	96	67	98	13	60	11
2007	8	86	96	70	99	3	38	14
2007	9	88	97	74	99	20	45	20

(续)

年份	月份	日平均值月平均	日最大值月平均	日最小值月平均	月极大值	极大值日期	月极小值	极小值日期
2007	10	90	95	69	98	8	29	23
2007	11	87	94	64	98	2	23	29
2007	12	78	92	52	96	23	30	1
2008	1	89	96	81	98	3	34	15
2008	2	77	95	52	98	23	32	15
2008	3	80	96	50	98	14	15	25
2008	4	79	96	56	98	29	17	26
2008	5	79	97	49	98	2	18	1
2008	6	83	96	56	97	10	25	23
2008	7	87	95	68	97	7	45	7
2008	8	85	94	62	97	29	28	26
2008	9	90	94	72	98	2	31	5
2008	10	90	96	69	98	15	29	23
2008	11	87	95	64	98	3	23	29
2008	12	79	94	52	95	29	30	1

4.3.3 气压

表 4-31 人工观测气象要素—气压

单位：hPa

年份	月份	日平均值月平均	日最大值月平均	日最小值月平均	月极大值	极大值日期	月极小值	极小值日期
2000	1	877.49	879.29	875.90	890.6	30	866.8	4
2000	2	875.63	877.14	874.34	883.9	1	867.3	18
2000	3	873.35	874.87	872.18	880.7	23	864.3	30
2000	4	871.16	873.21	869.62	885.8	17	863.1	13
2000	5	870.05	870.99	869.24	877.4	6	863.1	25
2000	6	867.50	868.32	866.59	873.3	18	860.1	1
2000	7	866.34	866.99	865.76	870.3	1	862.3	15
2000	8	868.92	869.45	868.37	872.2	22	865.8	16
2000	9	872.93	873.72	872.21	876.9	13	866.6	1
2000	10	875.62	876.83	874.50	882.0	29	869.2	10
2000	11	877.76	879.36	876.33	885.3	20	869.3	5
2000	12	877.72	879.26	876.48	884.2	12	870.4	9
2001	1	875.59	877.28	874.09	882.9	28	869.3	11
2001	2	875.33	876.92	873.99	883.2	13	863.8	22
2001	3	873.02	874.91	871.45	884.2	8	861.0	30
2001	4	871.64	873.05	870.54	881.3	10	864.7	19
2001	5	870.92	872.16	869.96	877.2	15	865.0	20
2001	6	867.32	868.03	866.64	874.1	2	862.1	27
2001	7	867.80	868.40	867.27	871.7	8	865.8	12
2001	8	870.90	871.62	870.25	876.3	4	865.8	24
2001	9	874.10	874.88	873.41	879.4	21	870.3	5
2001	10	876.15	877.16	875.12	880.7	28	872.0	6
2001	11	878.38	879.71	877.11	884.3	6	871.3	27
2001	12	879.88	882.23	877.36	890.4	20	833.4	12
2002	1	877.32	878.51	876.12	885.4	2	866.3	14
2002	2	877.10	878.67	875.81	885.6	19	871.2	6

（续）

年份	月份	日平均值月平均	日最大值月平均	日最小值月平均	月极大值	极大值日期	月极小值	极小值日期
2002	3	872.55	875.06	869.18	880.4	17	778.4	7
2002	4	871.08	872.27	869.99	879.2	17	861.3	5
2002	5	870.90	871.68	870.17	877.4	24	864.1	20
2002	6	867.81	868.50	867.20	871.8	11	861.8	19
2002	7	867.46	868.09	866.79	878.6	20	862.3	12
2002	8	870.52	870.99	870.03	874.8	12	863.3	5
2002	9	875.06	875.73	874.40	878.8	19	871.4	1
2002	10	875.41	876.35	874.47	880.7	26	867.0	7
2002	11	882.63	885.83	879.51	894.3	20	871.4	5
2002	12	873.40	878.44	867.53	884.8	12	858.5	9
2003	1	872.61	878.23	866.76	893.3	19	853.9	4
2003	2	870.19	874.66	865.39	886.3	29	855.2	18
2003	3	868.53	872.93	863.99	881.0	1	852.5	31
2003	4	866.26	871.85	860.46	882.6	17	849.4	24
2003	5	864.88	870.15	859.61	876.4	6	851.8	13
2003	6	862.12	866.48	858.10	874.6	30	852.1	23
2003	7	861.50	866.97	856.02	873.6	11	849.4	14
2003	8	863.83	869.11	858.29	875.0	23	852.3	31
2003	9	868.43	874.01	861.90	879.3	17	854.6	2
2003	10	871.14	876.51	865.52	884.1	12	857.5	7
2003	11	872.91	878.22	867.56	886.2	19	857.7	6
2003	12	872.46	877.18	867.47	885.2	11	859.5	8
2004	1	877.47	878.69	876.47	884.4	24	869.3	28
2004	2	876.07	877.60	874.84	885.4	7	866.8	28
2004	3	873.84	875.56	872.36	885.4	8	864.8	17
2004	4	878.39	879.73	877.13	887.9	26	870.8	9
2004	5	872.14	875.07	869.12	878.4	31	862.3	20
2004	6	869.11	869.87	868.39	878.4	12	861.3	23
2004	7	867.35	868.23	866.58	875.3	22	862.3	18
2004	8	869.01	869.80	868.31	874.8	26	864.3	3
2004	9	873.87	874.96	872.80	880.2	21	867.8	20
2004	10	878.42	879.64	877.39	887.4	22	873.6	7
2004	11	878.38	879.73	877.13	887.9	26	870.8	9
2004	12	878.30	879.62	877.14	886.4	31	867.3	21
2005	1	876.45	877.96	875.03	886.4	7	864.3	28
2005	2	875.65	876.97	874.55	884.4	10	863.3	23
2005	3	875.49	877.21	874.14	885.4	3	866.3	21
2005	4	872.05	873.37	870.95	879.9	13	861.8	30
2005	5	868.64	869.55	867.79	873.3	18	862.3	4
2005	6	865.02	866.86	862.16	870.3	6	768.3	15
2005	7	867.82	868.60	867.15	872.3	15	863.0	7
2005	8	868.78	869.55	868.10	874.5	18	863.0	2
2005	9	873.99	875.05	872.91	877.4	13	868.8	1
2005	10	877.55	879.00	875.98	883.7	21	866.5	11
2005	11	876.98	878.35	875.64	885.3	21	870.3	4
2005	12	879.55	881.52	878.00	890.9	21	872.3	6
2006	1	876.15	878.30	873.82	886.4	6	838.3	29
2006	2	878.24	880.00	876.60	887.4	3	868.3	13

（续）

年份	月份	日平均值月平均	日最大值月平均	日最小值月平均	月极大值	极大值日期	月极小值	极小值日期
2006	3	873.58	876.04	871.87	887.0	31	864.0	17
2006	4	870.15	872.41	868.10	879.3	22	837.3	8
2006	5	870.67	872.47	868.84	883.4	13	831.8	29
2006	6	867.82	868.64	867.06	872.3	18	863.3	9
2006	7	866.62	867.32	866.00	872.3	30	863.3	6
2006	8	869.79	870.60	869.09	873.5	3	865.3	14
2006	9	874.80	875.97	873.80	881.6	10	868.3	1
2006	10	877.04	878.04	876.05	884.4	26	871.6	7
2006	11	875.82	877.05	874.57	882.4	14	870.3	25
2006	12	879.24	880.70	877.84	888.4	19	872.3	6
2007	1	880.39	880.9	879.9	887.4	6	875.7	19
2007	2	873.6	875.7	872.5	885.7	1	865.8	15
2007	3	863.92	870.3	862.0	887.4	1	863.3	30
2007	4	873.76	880.4	866.2	882.4	3	865.7	14
2007	5	870.50	872.00	870.33	878.4	11	861.3	21
2007	6	868.10	868.80	867.92	871.0	12	864.3	26
2007	7	866.55	868.20	865.79	871.3	26	862.3	16
2007	8	869.19	871.02	867.46	878.9	28	863.3	14
2007	9	873.91	875.76	872.46	878.9	29	869.3	7
2007	10	877.0	878.90	875.3	883.4	11	871.0	21
2007	11	878.7	880.6	876.6	885.9	19	872.5	16
2007	12	878.1	880.3	875.4	886.8	22	868.3	3
2008	1	876.6	878.9	874.2	885.5	16	865.5	10
2008	2	877.8	879.8	875.2	884.6	19	871.1	4
2008	3	873.8	876.0	871.3	882.5	7	864.9	28
2008	4	871.5	873.5	869.1	882.1	23	859.8	8
2008	5	869.4	871.4	867.0	877.6	13	861.4	27
2008	6	867.7	869.1	866.1	872.1	4	863.2	22
2008	7	866.7	867.8	864.9	869.8	9	861.0	5
2008	8	869.8	871.1	868.2	874.4	31	865.6	29
2008	9	873.0	874.3	871.4	878.5	26	867.0	21
2008	10	877.0	878.9	875.3	883.4	11	871.0	21
2008	11	878.7	880.6	876.6	885.9	19	872.5	16
2008	12	878.4	880.3	875.4	886.8	22	868.3	3

4.3.4 降水

表4-32 人工观测气象要素—降水量

单位：mm

年份	月份	合计	最高	最大值出现日期
2001	1	49.8	14.6	8
2001	2	63.0	30.8	23
2001	3	31.1	12.3	28
2001	4	133.6	33.2	20
2001	5	174.9	95.6	25
2001	6	117.9	38.3	9
2001	7	165.4	83.0	25
2001	8	135.0	44.4	8

(续)

年份	月份	合计	最高	最大值出现日期
2001	9	6.8	3.4	21
2001	10	168.0	41.1	26
2001	11	20.3	7.1	4
2001	12	26.8	10.3	9
2002	1	26.0	8.4	15
2002	2	59.7	16.4	27
2002	3	61.4	20.9	13
2002	4	204.8	38.0	5
2002	5	217.2	40.3	5
2002	6	96.0	41.5	23
2002	7	117.1	42.2	22
2002	8	344.0	125.6	25
2002	9	69.1	43.5	21
2002	10	97.8	53.4	19
2002	11	4.7	4.2	21
2002	12	34.7	9.1	5
2003	1	4.3	4.2	21
2003	2	53.2	10.7	22
2003	3	74.8	16.2	14
2003	4	166.5	43.9	1
2003	5	229.6	33.1	12
2003	6	—	—	—
2003	7	348.5	107.0	4
2003	8	248.4	63.0	4
2003	9	132.9	34.0	2
2003	10	118.6	39.9	11
2003	11	124.6	94.5	7
2003	12	46.0	17.0	4
2004	1	24.0	17.5	10
2004	2	27.5	9.2	20
2004	3	27.0	8.5	1
2004	4	55.5	14.3	7
2004	5	123.6	23.5	30
2004	6	214.6	65.0	3
2004	7	188.0	73.7	17
2004	8	—	—	—
2004	9	157.2	63.1	20
2004	10	57.3	20.8	1
2004	11	95.6	29.6	25
2004	12	19.4	3.8	26
2005	1	16.7	7.0	25
2005	2	15.0	4.2	17
2005	3	50.1	12.5	11
2005	4	63.1	35.7	9
2005	5	82.0	15.9	15
2005	6	197.3	94.8	30
2005	7	249.8	78.3	9
2005	8	298.1	69.5	28
2005	9	106.5	64.7	17

（续）

年份	月份	合计	最高	最大值出现日期
2005	10	105.5	25.5	27
2005	11	55.2	12.3	13
2005	12	8.7	4.1	11
2006	1	22.3	5.8	17
2006	2	84.3	15.0	13
2006	3	60.3	23.0	11
2006	4	150.1	50.3	21
2006	5	131.4	42.5	12
2006	6	138.9	82.0	23
2006	7	232.8	125.5	5
2006	8	108.4	38.0	7
2006	9	192.8	56.3	28
2006	10	61.0	19.2	21
2006	11	42.3	10.8	29
2006	12	22.3	7.2	29
2007	1	49.8	35.0	1
2007	2	96.5	27.0	29
2007	3	68.7	10.4	3
2007	4	129.7	21.6	21
2007	5	279.8	62.1	31
2007	6	395.6	66.7	30
2007	7	204.6	31.0	24
2007	8	164.7	37.0	10
2007	9	106.4	35.0	13
2007	10	120.0	14.5	3
2007	11	68.0	11.5	6
2007	12	38.5	3.1	31
2008	1	19.6	3.7	30
2008	2	25.6	5.6	24
2008	3	92.4	7.4	31
2008	4	114.7	33.5	25
2008	5	85.9	40.8	3
2008	6	145.4	23.7	21
2008	7	264.5	35.0	27
2008	8	382.1	80.3	29
2008	9	156.2	50.0	18
2008	10	120.0	14.3	21
2008	11	68.0	11.5	6
2008	12	3.2	2.1	22

4.3.5 风速

表4-33 人工观测气象要素—风速

单位：m/s

年份	月份	月平均风速	月最多风向	最大风速	最大风风向	最大风出现日期	最大风出现时间
2001	1	1.2	S	7.2	NE	16	14：00
2001	2	0.9	S	5.5	NE	28	14：00
2001	3	1.2	S	7.5	N	20	14：00

（续）

年份	月份	月平均风速	月最多风向	最大风速	最大风风向	最大风出现日期	最大风出现时间
2001	4	1.5	S	6.9	NE	12	14：00
2001	5	1.8	N	5.0	S	2	14：00
2001	6	0.8	N	6.0	ESE	5	14：00
2001	7	0.8	NW	4.0	W	10	14：00
2001	8	0.5	N	5.0	NW	12	14：00
2001	9	0.4	N	5.0	N	7	14：00
2001	10	0.4	N	4.3	SW	30	14：00
2001	12	0.6	N	7.0	E	22	2：00
2002	1	1.0	N	6.3	SW	14	14：00
2002	2	0.5	SW	4.7	W	6	20：00
2002	3	0.8	N	6.3	SW	7	14：00
2002	4	0.6	NW	5.7	SW	11	14：00
2002	5	0.3	N	5.0	NW	17	14：00
2002	6	0.6	N	5.0	ES	9	14：00
2002	7	0.5	NW	4.0	NWN	3	14：00
2002	8	0.5	NW	3.0	SW	23	14：00
2002	9	0.4	N	4.7	S	18	14：00
2002	10	0.4	N	5.3	SW	2	14：00
2002	11	0.7	NW	5.7	N	12	8：00
2002	12	0.4	S	4.0	EN	9	14：00
2003	1	0.7	N	5.7	N	12	14：00
2003	2	0.3	NW	3.7	SWS	20	14：00
2003	3	0.5	N	7.7	SES	29	14：00
2003	4	0.4	N	4.7	SW	16	14：00
2003	5	0.2	N	4.0	S	7	8：00
2003	6	0.2	N	3.0	S	22	14：00
2003	7	0.8	S	4.0	S	16	14：00
2003	8	0.4	N	4.0	WNW	19	14：00
2003	9	0.5	W	6.0	S	24	14：00
2003	10	0.4	N	5.7	SES	26	14：00
2003	11	0.5	N	3.7	S	5	14：00
2003	12	0.4	N	7.0	NNE	18	14：00
2004	1	0.3	N	4.7	N	28	14：00
2004	2	0.8	S	7.0	S	8	14：00
2004	3	0.9	N	7.0	ES	10	14：00
2004	4	0.7	S	5.0	S	27	14：00
2004	5	0.3	N	4.0	NW	10	14：00
2004	6	0.2	N	2.0	S	21	14：00
2004	7	0.2	N	3.0	EN	24	14：00
2004	8	0.2	N	2.0	N	10	14：00
2004	9	0.4	N	3.0	ES	15	8：00
2004	10	0.2	N	2.0	N	8	14：00
2004	11	0.4	S	4.0	N	29	14：00
2004	12	0.3	N	4.3	N	17	14：00
2007	10	0.3	340	4.4	104	22	20：00
2007	11	0.4	359	3.5	289	25	12：00
2007	12	0.38	349	4.6	229	26	13：00
2008	1	0.7	NW	4.1	NW	2	14：00

(续)

年份	月份	月平均风速	月最多风向	最大风速	最大风风向	最大风出现日期	最大风出现时间
2008	2	0.69	NW	4.1	NW	29	14：00
2008	3	0.63	NW	5.6	NW	12	20：00
2008	4	0.73	SE	4.6	SE	8	3：00
2008	5	0.61	SE	6.5	SE	4	21：00
2008	6	0.51	SE	4.2	SE	13	12：00
2008	7	0.50	SE	4.1	SE	7	16：00
2008	8	0.40	SE	3.8	SE	20	11：00
2008	9	0.40	NE	3.7	NE	6	13：00
2008	10	0.30	NE	4.4	NE	22	20：00
2008	11	0.40	NE	3.5	NE	25	12：00
2008	12	0.38	NE	4.6	NE	26	13：00

4.3.6　地表温度

表4-34　人工观测气象要素—地表温度

单位:℃

年份	月份	日平均值月平均	日最大值月平均	日最小值月平均	月极大值	极大值日期	月极小值	极小值日期
2000	1	2.12	5.95	−0.59	33.4	21	−5.3	19
2000	2	2.71	9.32	−2.17	22.5	16	−6.9	26
2000	3	9.08	18.55	2.38	36.3	30	−4.2	1
2000	4	14.67	24.46	8.56	38.5	13	3.9	29
2000	5	21.27	31.45	14.68	45.6	14	9.1	31
2000	6	22.95	30.02	18.46	41.6	17	10.1	2
2000	7	25.00	30.58	20.96	41.7	23	17.0	30
2000	8	23.58	30.27	19.20	38.7	27	13.9	28
2000	9	17.92	24.63	13.66	38.5	1	8.2	13
2000	10	14.12	20.41	10.00	33.8	7	−0.3	30
2000	11	6.11	13.44	1.13	28.6	6	−5.1	21
2000	12	3.22	10.18	−2.15	22.1	8	−17.4	14
2001	1	1.55	5.68	−1.60	16.1	3	−8.2	10
2001	2	4.33	11.63	−0.63	27.4	18	−8.4	14
2001	3	9.23	18.93	2.76	31.8	14	−4.3	8
2001	4	13.52	21.08	8.85	38.2	18	2.6	10
2001	5	19.74	28.05	14.92	45.9	23	11.6	1
2001	6	22.20	28.51	18.47	40.2	26	16.2	1
2001	7	28.59	39.62	22.20	51.0	10	14.7	22
2001	8	24.63	34.09	19.13	50.5	6	14.0	24
2001	9	19.24	26.48	14.74	36.8	16	8.0	30
2001	10	14.03	19.44	10.49	31.8	10	3.2	28
2001	11	8.23	15.88	3.20	25.0	12	−3.6	20
2001	12	2.39	6.65	−0.95	18.3	31	−8.2	23
2002	1	3.36	12.70	−2.73	23.9	5	−7.9	11
2002	2	5.42	11.97	0.95	27.3	12	−7.4	2
2002	3	8.83	17.25	2.89	31.8	11	−2.0	8
2002	4	12.96	19.82	8.21	36.3	22	0.5	10
2002	5	17.04	22.35	13.71	34.8	11	9.7	1
2002	7	26.54	35.15	21.64	52.4	4	17.4	27

（续）

年份	月份	日平均值月平均	日最大值月平均	日最小值月平均	月极大值	极大值日期	月极小值	极小值日期
2002	8	23.08	30.51	18.18	41.9	5	14.2	10
2002	9	20.59	29.97	14.27	42.6	3	7.8	23
2002	10	13.96	23.67	7.55	36.5	9	0.0	24
2002	11	5.84	13.17	0.87	28.7	6	−5.3	21
2002	12	2.89	9.86	−2.43	22.0	8	−17.6	14
2003	1	2.72	12.87	−5.41	24.2	19	−21.3	12
2003	2	4.62	12.91	−0.93	28.2	21	−8.8	4
2003	3	7.64	17.87	−0.10	36.8	31	−6.3	20
2003	4	13.53	25.18	6.03	39.0	16	−1.0	14
2003	5	17.14	29.64	9.92	48.2	31	2.9	1
2003	6	23.67	37.12	11.12	48.7	19	5.7	12
2003	7	25.14	36.28	14.91	48.1	27	8.0	6
2003	8	25.83	34.72	14.71	50.4	2	10.4	22
2003	9	19.32	31.44	8.53	41.4	18	2.4	27
2003	10	12.91	23.67	1.71	31.2	21	−5.5	28
2003	11	7.83	17.12	−4.52	37.2	1	−10.6	30
2003	12	2.40	9.81	−7.74	17.0	23	−14.9	19
2004	1	1.59	7.21	−2.36	31.0	8	−8.7	27
2004	2	5.12	12.31	0.14	31.4	15	−4.4	10
2004	3	9.83	20.09	3.31	36.7	11	−4.3	10
2004	4	7.97	15.65	2.44	27.2	2	−3.1	18
2004	5	19.01	26.64	14.08	46.2	20	2.8	18
2004	6	22.83	31.40	17.59	44.9	25	12.7	2
2004	7	25.80	34.78	20.59	47.3	25	18.2	5
2004	8	23.27	29.64	19.41	43.5	3	14.0	18
2004	9	19.32	27.25	14.45	38.4	17	8.5	9
2004	10	13.25	20.81	8.10	30.5	9	1.7	2
2004	11	7.83	15.31	2.44	27.2	2	−3.1	18
2004	12	3.25	8.51	−0.55	18.7	19	−4.9	8
2005	1	1.30	5.65	−1.55	15.4	31	−6.4	15
2005	2	2.31	6.75	−0.81	21.5	22	−14.0	18
2005	3	8.53	17.45	2.91	35.3	9	−2.4	6
2005	4	15.93	26.05	9.51	40.2	27	2.4	13
2005	5	19.58	25.95	15.38	46.5	10	7.1	6
2005	6	24.95	34.20	19.41	49.5	23	14.2	12
2005	7	26.78	34.37	22.17	47.8	5	19.4	10
2005	8	22.90	28.55	19.15	47.5	12	12.3	20
2005	9	21.02	28.93	15.79	46.0	16	3.9	9
2005	10	13.72	19.78	9.75	32.4	11	2.4	30
2005	11	9.47	15.40	5.21	28.9	11	−1.5	29
2005	12	3.19	9.00	−0.93	14.2	7	−5.6	22
2006	1	2.47	6.86	−0.68	17.5	29	−6.5	7
2006	2	4.28	8.93	1.16	19.7	1	−3.6	10
2006	3	5.21	7.90	2.37	13.0	31	−7.2	1
2006	4	15.68	23.68	10.44	36.0	2	4.8	13
2006	5	20.89	30.39	15.41	42.6	20	11.0	12
2006	6	24.79	33.58	19.23	47.0	18	13.0	3
2006	7	26.52	34.00	21.80	49.3	19	14.0	27

（续）

年份	月份	日平均值月平均	日最大值月平均	日最小值月平均	月极大值	极大值日期	月极小值	极小值日期
2006	8	26.15	35.02	20.70	45.2	29	16.2	2
2006	9	20.50	28.60	15.40	47.2	1	8.9	17
2006	10	15.92	23.85	10.86	37.8	11	6.3	11
2006	11	8.73	14.91	4.54	29.6	9	0.0	30
2006	12	3.45	10.29	−0.95	19.4	26	−7.1	14
2007	1	3.04	12.13	−5.30	26.4	31	−7.8	10
2007	2	6.88	18.16	1.46	28.4	2	−6.5	2
2007	3	9.18	17.63	1.56	36.5	29	−0.2	20
2007	4	14.95	25.86	3.67	38.3	14	3.8	5
2007	5	21.82	34.45	10.25	44.2	29	3.3	1
2007	6	24.33	33.42	11.77	41.7	7	9.5	20
2007	7	23.75	36.16	16.47	39.5	17	16	11
2007	8	24.70	39.31	14.70	45.2	20	14.8	14
2007	9	18.84	31.74	9.84	34.3	21	5.5	22
2007	10	14.57	16.53	13.22	20.50	5	10.60	30
2007	11	8.95	10.61	7.75	14.90	2	1.80	29
2007	12	2.82	4.61	2.16	6.50	1	0.60	25
2008	1	0.00	2.03	−7.91	13.1	4	−10.5	29
2008	2	1.90	4.37	0.50	14.20	29	−0.40	27
2008	3	9.24	15.89	5.25	23.60	27	0.40	2
2008	4	13.29	19.95	9.40	28.8	30	4.30	4
2008	5	18.53	24.72	14.58	31.0	6	11.30	4
2008	6	21.05	26.81	17.62	33.80	29	14.70	11
2008	7	23.45	28.72	20.39	33.20	8	17.00	7
2008	8	22.27	26.64	19.43	31.30	20	15.80	31
2008	9	19.90	22.61	17.99	27.60	9	14.70	5
2008	10	14.57	16.53	13.22	20.50	5	10.60	30
2008	11	8.95	10.61	7.75	14.90	2	1.80	29
2008	12	2.64	4.61	2.16	6.50	1	0.60	25

第五章

神农架站研究数据

5.1 神农架站迁地保护植物

表 5-1 迁地保护植物名录

植 物 名	拉 丁 学 名
八角枫	*Alangium chinense*
八角莲	*Dysosma versipellis*
巴东栎	*Quercus engleriana*
巴东木莲	*Manglietia patungensis*
巴山榧树	*Torreya fargesii*
巴山冷杉	*Abies fargesii*
巴山松	*Pinus henryi*
白蜡树	*Fraxinus chinensis*
白皮松	*Pinus bungeana*
白辛树	*Pterostyrax psilophyllus*
蓖子三尖杉	*Cephalotaxus oliveri*
波叶红果树	*Stranvaesia davidiana* var. *undulata*
藏刺榛	*Corylus ferox* var. *thibetica*
檫木	*Sassafras tzumu*
秤锤树	*Sinojackia xylocarpa*
匙叶栎	*Quercus dolicholepis*
臭牡丹	*Clerodendrum bungei*
川桂	*Cinnamomum wilsonii*
川榛	*Corylus heterophylla* var. *sutchuenensis*
刺茶美登木	*Maytenus variabilis*
刺楸	*Kalopanax septemlobus*
粗榧	*Cephalotaxus sinensis*
大果青杆	*Picea neoveitchii*
大王杜鹃	*Rhododendron rex*
地中海松	*Pinus halepensis*
棣棠	*Kerria japonica*
吊钟花	*Enkianthus quinqueflorus*
丁香	*Syringa oblata*
独花兰	*Changnienia amoena*
杜鹃	*Rhododendron simsii*
杜仲	*Eucommia ulmoides*
短柄枹栎	*Quercus serrata* var. *brevipetiolata*
多脉青冈	*Cyclobalanopsis multinervis*
鹅掌楸	*Liriodendron chinense*

（续）

植　物　名	拉　丁　学　名
鄂椴	*Tilia oliveri*
野梦花	*Daphne tangutica* var. *wilsonii*
福建柏	*Fokienia hodginsii*
珙桐	*Davidia involucrata*
光叶珙桐	*Davidia involucrata* var. *vilmoriniana*
蚝猪刺	*Berberis julianae*
荷叶铁线蕨	*Adiantum reniforme* var. *sinense*
黑壳楠	*Lindera megaphylla*
红豆杉	*Taxus chinensis*
红麸杨	*Rhus punjabensis* var. *sinica*
红茴香	*Illicium henryi*
厚朴	*Magnolia officinalis*
胡颓子	*Elaeagnus pungens*
湖北木兰	*Magnolia sprengeri*
虎皮楠	*Daphniphyllum oldhami*
虎杖	*Reynoutria japonica*
八角枫	*Alangium chinense*
华山松	*Pinus armandii*
华榛	*Corylus chinensis*
化香	*Platycarya strobilacea*
黄檗	*Phellodendron amurense*
黄花菜	*Hemerocallis citrina*
黄连	*Coptis chinensis*
黄山木兰	*Magnolia cylindrica*
黄杨	*Buxus sinica*
火棘	*Pyracantha fortuneana*
鸡桑	*Morus australis*
鸡爪槭	*Acer palmatum*
结香	*Edgeworthia chrysantha*
金钱槭	*Dipteronia sinensis*
金钱松	*Pseudolarix amabilis*
锦带花	*Weigela florida*
君迁子	*Diospyros lotus*
阔叶十大功劳	*Mahonia bealei*
梾木	*Swida macrophylla*
连翘	*Forsythia suspensa*
连香树	*Cercidiphyllum japonicum*
领春木	*Euptelea pleiospermum*
柳杉	*Cryptomeria fortunei*
六道木	*Abelia biflora*
曼青冈	*Cyclobalanopsis oxyodon*
猫儿刺	*Ilex pernyi*
茅栗	*Castanea seguinii*
米心水青冈	*Fagus engleriana*
灰柯	*Lithocarpus henryi*
木槿	*Hibiscus syriacus*
楠木	*Phoebe zhennan*
女贞	*Ligustrum lucidum*
暖木	*Meliosma veitchiorum*

（续）

植 物 名	拉 丁 学 名
欧洲荚蒾	*Viburnum opulus*
平枝栒子	*Cotoneaster horizontalis*
漆	*Toxicodendron vernicifluum*
秦岭冷杉	*Abies chensiensis*
青麸杨	*Rhus potaninii*
青冈栎	*Cyclobalanopsis glauca*
青杆	*Picea wilsonii*
青钱柳	*Cyclocarya paliurus*
青檀	*Pteroceltis tatarinowii*
青榨槭	*Acer davidii*
球柏	*Sabina chinensis* var. *chinensis* cv. *Globosa*
球核荚蒾	*Viburnum propinquum*
锐齿槲栎	*Quercus aliena* var. *acutiserrata*
伞花木	*Eurycorymbus cavaleriei*
山白树	*Sinowilsonia henryi*
山荆子	*Malus baccata*
山拐枣	*Poliothyrsis sinensis*
山桂花	*Osmanthus delavayi*
山胡椒	*Lindera glauca*
山桐子	*Idesia polycarpa*
山樱花	*Cerasus serrulata*
山茱萸	*Cornus officinalis*
石灰花楸	*Sorbus folgneri*
包果柯	*Lithocarpus cleistocarpus*
石楠	*Photinia serrulata*
柿	*Diospyros kaki*
疏花水柏枝	*Myricaria laxiflora*
栓翅卫矛	*Euonymus phellomanes*
水青树	*Tetracentron sinense*
水杉	*Metasequoia glyptostroboides*
水丝梨	*Sycopsis sinensis*
四照花	*Dendrobenthamia japonica* var. *chinensis*
穗花杉	*Amentotaxus argotaenia*
太行花	*Taihangia rupestris*
天师栗	*Aesculus wilsonii*
皱皮木瓜	*Chaenomeles speciosa*
铜钱树	*Paliurus hemsleyanus*
秃杉	*Taiwania flousiana*
蝟实	*Kolkwitzia amabilis*
细叶青冈	*Cyclobalanopsis gracilis*
香椿	*Toona sinensis*
香果树	*Emmenopterys henryi*
小梾木	*Swida paucinervis*
五小叶槭	*Acer pentaphyllum*
小叶女贞	*Ligustrum quihoui*
新麦草	*Psathyrostachys juncea*
兴山柳	*Salix mictotricha*
血皮槭	*Acer griseum*
崖花子	*Pittosporum truncatum*

（续）

植 物 名	拉 丁 学 名
烟管荚蒾	*Viburnum utile*
延龄草	*Trillium tschonoskii*
野大豆	*Glycine soja* var. *albiflora*
野核桃	*Juglans cathayensis*
野菊	*Dendranthema indicum*
宜昌橙	*Citrus ichangensis*
宜昌荚蒾	*Viburnum erosum*
异叶梁王茶	*Nothopanax davidii*
异叶榕	*Ficus heteromorpha*
瘿椒树	*Tapiscia sinensis*
银杉	*Cathaya argyrophylla*
银杏	*Ginkgo biloba*
迎春	*Jasminum nudiflorum*
油松	*Pinus tabulaeformis*
玉兰	*Magnolia denudata*
元宝械	*Acer truncatum*
圆叶玉兰	*Magnolia sinensis*
蜡瓣花	*Corylopsis sinensis*
皱叶荚蒾	*Viburnum rhytidophyllum*
锥栗	*Castanea henryi*
紫萼	*Hosta ventricosa*
紫茎	*Stewartia sinensis*
紫荆	*Cercis chinensis*
日本小檗	*Berberis thunbergii*
紫玉兰	*Magnolia liliflora*

5.2 站区动物

表 5-2 站区脊椎动物名录

动 物 名	拉 丁 学 名
两栖纲	**Amphibia**
有尾目	Urodela
中国小鲵	*Hynobius chinensis*
大鲵	*Megalobatrachus davidianus*
无尾目	Anura
中华蟾蜍	*Bufo gargarizans*
棘皮湍蛙	*Amolops granulosus*
棘胸蛙	*Rana spinosa*
绿臭蛙	*Rana margaratae*
黑斑蛙	*Rana nigromaculata*
隆肛蛙	*Rana quadranus*
花臭蛙	*Rana schmackeri*
爬行纲	**Reptilia**
有鳞目	Squamata
多疣壁虎	*Gekko japonicus*
丽斑麻晰	*Eremias argus*

（续）

动 物 名	拉 丁 学 名
北草蜥	*Takydromus septentrionalis*
南草蜥	*Takydromus sexlineatus*
白条草蜥	*Takydromus wolteri*
中国石龙子	*Eumeces chinensis*
蓝尾石龙子	*Eumeces elegans*
黑脊蛇	*Achalinus spinalis*
赤链蛇	*Dinodon rufozonatum*
双斑锦蛇	*Elaphe bimaculata*
王锦蛇	*Elaphe carinata*
玉斑锦蛇	*Elaphe mandarina*
紫灰锦蛇	*Elaphe porphyracea*
红点锦蛇	*Elaphe rufodorsata*
黑眉锦蛇	*Elaphe taeniura*
双全白环蛇	*Lycodon fasciatus*
黑背白环蛇	*Lycodon ruhstrati*
平鳞钝头蛇	*Pareas boulengeri*
钝头蛇	*Pareas chinensis*
斜鳞蛇	*Pseudoxenodon macrops*
滑鼠蛇	*Ptyas mucosus*
颈槽蛇	*Rhabdophis nuchalis*
虎斑颈槽蛇	*Rhabdophis tigrinus*
黑头剑蛇	*Sibynophis chinensis*
华游蛇	*Sinonatrix percarinata*
乌梢蛇	*Zaocys dhumnades*
银环蛇	*Bungarus multicinctus*
舟山眼镜蛇	*Naja atra*
白头蝰	*Azemiops feae*
尖吻蝮	*Dienagkistrodon acutus*
竹叶青蛇	*Trimeresurus stejnegeri*
鸟纲	**Aves**
鸡形目	Galliformes
灰胸竹鸡	*Bambusicola thoracica*
红腹角雉	*Tragopan temminckii*
勺鸡	*Pucrasia macrolopha*
白冠长尾雉	*Syrmaticus reevesii*
雉鸡	*Phasianus colchicus*
红腹锦鸡	*Chrysolophus pictus*
鹌鹑	*Coturnix coturnix*
雁形目	Anseriformes
豆雁	*Anser fabalis*
赤膀鸭	*Anas strepera*
绿头鸭	*Anas platyrhynchos*
斑嘴鸭	*Anas poecilorhyncha*
绿翅鸭	*Anas crecca*
红头潜鸭	*Aythya ferina*
鴷形目	Piciformes
蚁鴷	*Jynx torquilla*
大拟啄木鸟	*Megalaima virens*
赤胸啄木鸟	*Dendrocopos cathpharius*
棕腹啄木鸟	*Dendrocopos hyperythrus*
纹胸啄木鸟	*Dendrocopos atratus*

（续）

动 物 名	拉 丁 学 名
小斑啄木鸟	*Dendrocopos minor*
星头啄木鸟	*Dendrocopos canicapillus*
斑姬啄木鸟	*Picumnus innominatus*
大斑啄木鸟	*Dendrocopos major*
戴胜目	Upupiformes
戴胜	*Upupa epops*
佛法僧目	Coraciiformes
普通翠鸟	*Alcedo atthis*
蓝翡翠	*Halcyon pileata*
黄喉蜂虎	*Merops apiaster*
三宝鸟	*Eurystomus orientalis*
戴胜	*Upupa epops*
鹃形目	Cuculiformes
红翅凤头鹃	*Clamator cormandus*
鹰鹃	*Hierococcyx sparverioides*
棕腹杜鹃	*Hierococcyx fugax*
四声杜鹃	*Cuculus micropterus*
大杜鹃	*Cuculus canorus*
中杜鹃	*Cuculus saturatus*
小杜鹃	*Cuculus poliocephalus*
栗斑杜鹃	*Cacomantis sonneratii*
翠金鹃	*Chrysococcyx maculatus*
噪鹃	*Eudynamys scolopacea*
雨燕目	Apodiformes
短嘴金丝燕	*Collocalia brevirostris*
白腰雨燕	*Apus pacificus*
鸮形目	Strigiformes
斑头鸺鹠	*Glaucidium cuculoides*
灰林鸮	*Strix aluco*
夜鹰目	Caprimulgiformes
普通夜鹰	*Caprimulgus indicus*
鸽形目	Columbiformes
山斑鸠	*Streptopelia orientalis*
火斑鸠	*Streptopelia tranquebarica*
鹳形目	Ciconiiformes
苍鹭	*Ardea cinerea*
绿鹭	*Butondes striatus*
池鹭	*Ardeola bacchus*
牛背鹭	*Bubulcus ibis*
白鹭	*Egretta garzetta*
夜鹭	*Nycticorax nycticorax*
黄苇鳽	*Ixobrychus sinensis*
栗苇鳽	*Ixobrychus cinnamomeus*
鹤形目	Gruiformes
白胸苦恶鸟	*Amaurornis phoenicurus*
董鸡	*Gallicrex cinerea*
黑水鸡	*Gallicrex chloropus*
骨顶鸡	*Fulica atra*
鸻形目	Charadriiformes
金斑鸻	*Pluvialis dominica*
金眶鸻	*Charadrius dubius*

（续）

动　物　名	拉　丁　学　名
林鹬	*Tringa glareola*
矶鹬	*Tringa hypoleucos*
丘鹬	*Scolopax rusticola*
鹮嘴鹬	*Ibidorhyncha struthersii*
雀形目	Passeriformes
虎纹伯劳	*Lanius tigrinus*
牛头伯劳	*Lanius bucephalus*
红尾伯劳	*Lanius cristatus*
棕背伯劳	*Lanius schach*
楔尾伯劳	*Lanius sphenocercus*
黑枕黄鹂	*Oriolus chinensis*
发冠卷尾	*Dicrurus hottentottus*
红嘴蓝鹊	*Urocissa erythrorhyncha*
灰喜鹊	*Cyanopica cyana*
喜鹊	*Pica pica*
白颈鸦	*Corvus torquatus*
大嘴乌鸦	*Corvus macrorhynchos*
粉红山椒鸟	*Pericrocotus roseus*
灰山椒鸟	*Pericrocotus divaricatus*
灰喉山椒鸟	*Pericrocotus solaris*
紫啸鸫	*Myophonus caeruleus*
褐河乌	*Cinclus pallasii*
红点颏	*Luscinia calliope*
蓝点颏	*Luscinia svecica*
蓝歌鸲	*Luscinia cynae*
红胁兰尾鸲	*Tarsiger cyanurus*
金色林鸲	*Tarsiger chrysaeus*
鹊鸲	*Copsychus saularis*
赭红尾鸲	*Phoenicurus ochruros*
蓝额红尾鹊	*Phoenicurus frontalis*
白喉红尾鸲	*Phoenicarus schisticeps*
北红尾鸲	*Phoenicurus auroreus*
红尾水鸲	*Rhyacornis fuliginosus*
短翅鸲	*Hodgsonius phoenicuroides*
白尾斑地鸲	*Cinclidium leucurum*
小燕尾	*Enicurus scouleri*
灰背燕尾	*Enicurus schistaceus*
黑背燕尾	*Enicurus immaculatus*
白顶溪鸲	*Chaimarrornis leucocephalus*
栗胸矶鸫	*Monticola rufiventris*
蓝矶鸫	*Monticola solitarius*
紫啸鸫	*Myiophoneus caeruleus*
橙头地鸫	*Zoothera citrna*
白眉地鸫	*Zoothera sibirica*
光背地鸫	*Zoothera mollissima*
虎斑地鸫	*Zoothera dauma*
灰背鸫	*Turdus hortulorum*
乌鸫	*Turdus merula*
灰头鸫	*Turdus rubrocanus*
棕背鸫	*Turdus kessleri*
赤颈鸫	*Turdus ruficollis*

（续）

动　物　名	拉　丁　学　名
斑鸫	*Turdus naumanni*
宝头歌鸫	*Turdus mupinensis*
崖沙燕	*Riparia riparia*
家燕	*Hirundo rustica*
金腰燕	*Hirundo daurica*
毛脚燕	*Delichon urbica*
锈脸钩嘴鹛	*Pomatorhinus erythrogenys*
棕颈嘴咀鹛	*Pomatorhinus ruficollis*
红头穗鹛	*Stachyris ruficeps*
矛纹草鹛	*Babax lanceolatus*
黑脸噪鹛	*Garrulax perspicillatus*
白喉噪鹛	*Garrulax albogularis*
黑领噪鹛	*Garrulax pectoralis*
灰翅噪鹛	*Garrulax cineraceus*
斑背噪鹛	*Garrulax lunulatus*
大噪鹛	*Garrulax maximus*
眼纹噪鹛	*Garrulax ocellatus*
画眉	*Garrulax canorus*
白颊噪鹛	*Garrulax sannio*
橙翅噪鹛	*Garrulax elliotii*
红嘴相思鸟	*Leiothix lutea*
金胸雀鹛	*Alcippe chrysotis*
棕头雀鹛	*Alcippe ruficapilla*
褐头雀鹛	*Alcippe cinereiceps*
褐雀鹛	*Alcippe brunnea*
白眶雀鹛	*Alcippe nipalensis*
栗头凤鹛	*Yuhina castaniceps*
白领凤鹛	*Yuhina diademata*
黑颏凤鹛	*Yuhina nigrimenta*
红嘴鸦雀	*Conostoma aemodium*
三趾鸦雀	*Paradoxornis paradoxus*
白眶鸦雀	*Paradoxornis conspicillatus*
棕头鸦雀	*Paradoxornis webbianus*
灰头鸦雀	*Paradoxornis gularis*
橙背鸦雀	*Paradoxornis nipalensis*
寿带鸟	*Terpsiphone paradisi*
大山雀	*Parus major*
绿背山雀	*Parus monticolus*
黄腹山雀	*Parus venustulus*
煤山雀	*Parus ater*
黑冠山雀	*Parus rubidiventris*
沼泽山雀	*Parus palustris*
红腹山雀	*Parus davidi*
银喉长尾山雀	*Aegithalos caudatus*
红头长尾山雀	*Aegithalos concinnus*
蓝喉太阳鸟	*Aethopyga gouldiae*
麻雀	*Passer montanus*
山麻雀	*Passer rutilans*
白腰文鸟	*Lonchura striata*
黑头蜡嘴雀	*Eophona personata*
黑尾蜡嘴雀	*Eophona migratoria*
锡嘴雀	*Coccothraustes coccothraustes*
哺乳纲	**Mammalia**
食虫目	Insectivora
刺猬	*Erinaceus europaeus*

（续）

动 物 名	拉 丁 学 名
翼手目	Chiroptera
鲁氏菊头蝠	*Rhinolophus rouxi*
灵长目	Primates
猕猴	*Macaca mulatta*
金丝猴	*Rhinopithecus roxellanae*
兔形目	Lagomorpha
藏鼠兔	*Ochotona thibetana*
草兔	*Lepus capensis*
食肉目	Carnivora
鼬獾	*Melogale moschata*
猪獾	*Arctonyx collaris*
香鼬	*Mustela altaica*
黄腹鼬	*Mustela kathiah*
黄鼬	*Mnstela sibirica*
黄喉貂	*Martes flavigula*
小灵猫	*Viverricula indica*
果子狸	*Paguma larvata*
豹猫	*Felis bengalensis*
云豹	*Neofelis nebulosa*
赤狐	*Vulpes corsac*
貉	*Nyctereutes procyonoides*
黑熊	*Ursus thibetanus*
偶蹄目	Artiodactyla
野猪	*Sus scrofs*
狍	*Capreolus capreolus*
毛冠鹿	*Elaphodus cephalophus*
小鹿	*Munutiacus reevesi*
鬣羚	*Capricornis sumatraensis*
斑羚	*Naemorhedus goral*
林麝	*Moschus berezovskii*
啮齿目	Rodentia
赤腹松鼠	*Sciurus igniventris*
隐纹花松鼠	*Tamiops swinhoei*
红颊长吻松鼠	*Dremomys rufigenis*
岩松鼠	*Sciurotamias davidianus*
复齿鼯鼠	*Trogopterus xanthipes*
红白鼯鼠	*Petaurista alborufus*
白腹巨鼠	*Rattus edwardsi*
拟家鼠	*Rattus rattoides*
大足鼠	*Rattus nitidus*
褐家鼠	*Rattus norvegicus*
社鼠	*Rattus niviventer*
黄胸鼠	*Rattus f. flavipectus*
针毛鼠	*Rattus fulvescens*
小家鼠	*Mus musculus*
黑线姬鼠	*Apodemus agrarius*
龙姬鼠	*Apodemus draco*
大林姬鼠	*Apodemus speciosus*
高山姬鼠	*Apodemus chevrieri*
中华竹鼠	*Rhizomys sinensis*
豪猪	*Hystrix brachyura*

（学名参考汪松等，2004；王应祥，2003；约翰·马敬能，2000）

5.3 植物生理数据

5.3.1 植物季节性光合响应

5.3.1.1 数据说明

依据对神农架站常绿落叶阔叶混交林观测场的样地调查资料,选择了4种在群落中重要值靠前的木本植物—锐齿槲栎、石栎、米心水青冈、曼青冈,同时在站区选择了荚蒾(*Viburnum dilatatum*)、虎皮楠(*Daphniphyllum oldhami*)、女贞(*Ligustrum lucidum*)3种木本植物和蠡吾(*Sonecio vulgaris*)、酸模(*Rumex acetosa*)2种草本测定其不同季节的光合能力,探讨不同物种的光合生理生态特点与群落演替过程的关系。

(1)材料:锐齿槲栎、石栎、米心水青冈、曼青冈、荚蒾、虎皮楠、女贞和蠡吾、酸模。

(2)方法:于2002年4月和9月用Licor6400光合作用测定仪对以上9种植物的光饱和曲线、二氧化碳饱和曲线、光诱导曲线进行了测定。同时测定了比叶面积和叶绿素含量等指标。

5.3.1.2 神农架9种植物的季节性光合响应

表5-3 9种植物不同月份的光响应值

树种	重要值	最大光合		表观量子效率		光补偿点		曲 率	
		4月	9月	4月	9月	4月	9月	4月	9月
曼青冈	61.07	4.68	7.05	0.032	0.047	12.90	12.96	0.93	0.99
米心水青冈	16.86	10.63	9.14	0.042	0.042	15.34	16.38	0.31	0.70
锐齿槲栎	14.26	4.69	7.20	0.032	0.028	10.50	30.0	0.83	0.72
石栎	14.09	10.60	11.50	0.029	0.050	10.50	23.59	0.32	0.64
荚蒾	无,木本	10.23	13.16	0.044	0.043	9.32	14.58	0.73	0.85
虎皮楠	无,木本	7.86	9.01	0.037	0.042	16.72	8.96	0.90	0.77
女贞	无,木本	9.53	18.16	0.030	0.050	35.34	15.58	0.16	0.37
蠡吾	无,草本	15.55	11.48	0.048	0.047	11.49	11.49	0.79	0.64
酸模	无,草本	14.43	12.86	0.048	0.052	22.43	19.67	0.87	0.80

由表5-3和图5-1可以看出,9月份各物种的最大光合能力都要比4月份大但差异不显著($P=0.324$);表观量子效率9月份比4月大,并且差异显著($P=0.075$);光补偿点9月比4月大但差异不显著($P=0.805$),光饱和曲线的曲率9月比4月大但差异不显著($P=0.323$);在所调查的木本植物中,常绿植物的光合低于落叶植物($P=0.812$),二者表观量子效率差不多($P=0.655$),光补偿点常绿植物低于落叶植物($P=0.311$),曲率常绿植物高于落叶植物($P=0.215$)。但这些差异都不显著;草本植物比木本植物最大光合能力要高,表观量子效率也要高,尤其在春季表现更为明显($P=0.012$;$P=0.023$)。光补偿点和曲率两者之间差异不显著。

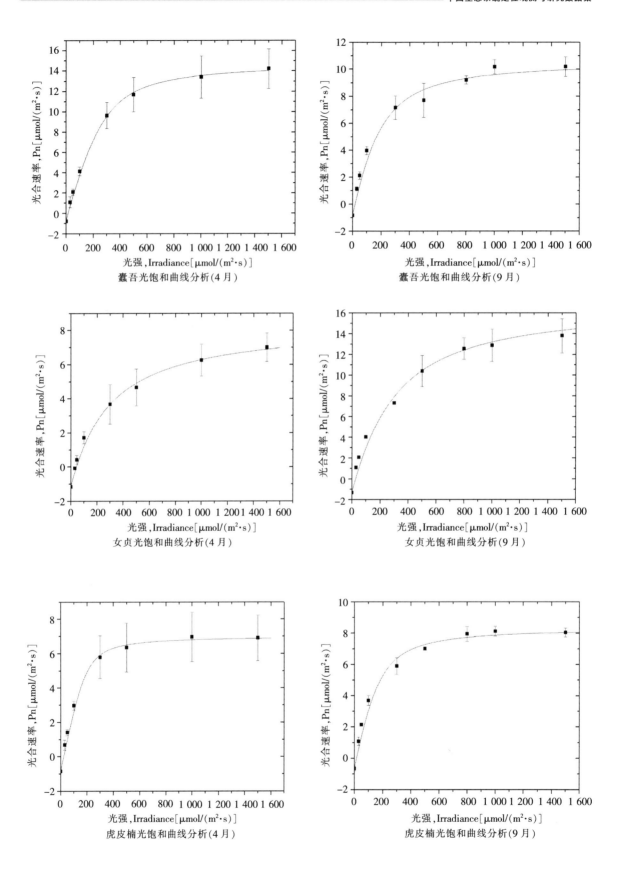

蠹吾光饱和曲线分析(4月)

蠹吾光饱和曲线分析(9月)

女贞光饱和曲线分析(4月)

女贞光饱和曲线分析(9月)

虎皮楠光饱和曲线分析(4月)

虎皮楠光饱和曲线分析(9月)

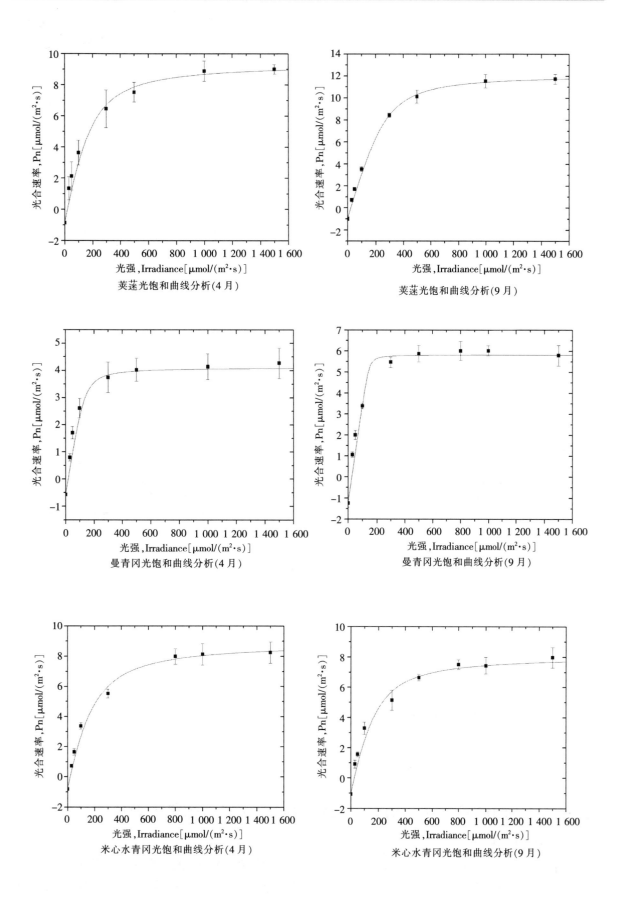

莢蒾光饱和曲线分析(4月)

莢蒾光饱和曲线分析(9月)

曼青冈光饱和曲线分析(4月)

曼青冈光饱和曲线分析(9月)

米心水青冈光饱和曲线分析(4月)

米心水青冈光饱和曲线分析(9月)

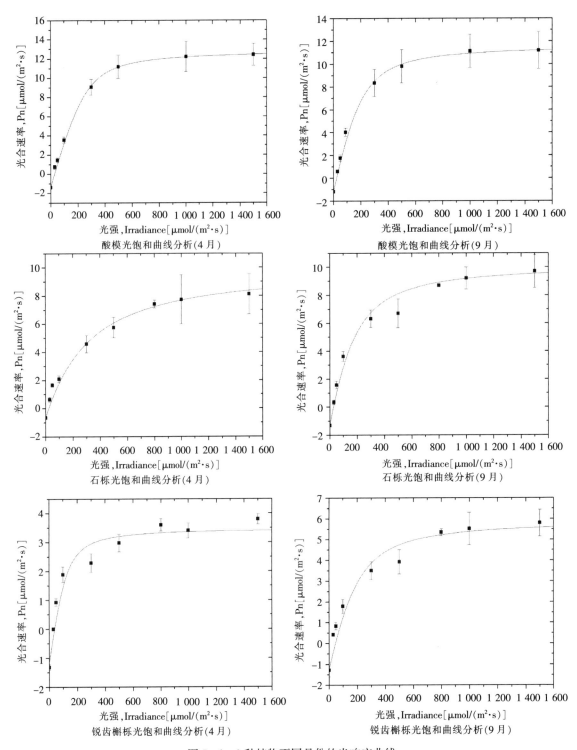

图 5－1　9 种植物不同月份的光响应曲线

5.3.2　导管和筛管系统水力导度和抵抗空穴化能力的离子效应

5.3.2.1　数据说明

　　采用 pH＝2 的 0.01M 的草酸或者盐酸对毛白杨（代表导管系统）和油松（代表管胞系统）的水力导度和抵抗空穴化能力进行了测定，系统研究不同溶液对水力导度和抵抗空穴化的影响，数据说明见表5－4。

表 5-4　数据说明

测定指标	单 位	含 义	测定时间	测定地点
$\Psi 50$	MPa	植物枝条输水管道系统导水率下降一半时的枝条所附叶片水势值	2007 年 6 月	植物园
Kh	kg/（m² · MPa · s）	最大水力导度：单位压强下单位时间内植物枝条输水管道系统单位横截面面积所流经的冲洗液质量	2007 年 6 月	植物园
Ks	kg/（m² · MPa · s）	比导度：最大水力导度除以茎段边材横截面积	2007 年 6 月	植物园
Kl	kg/（m² · MPa · s）	叶比导度：最大水力导度除以枝条所附叶片总叶面积	2007 年 6 月	植物园

（1）材料

以正常生长的毛白杨（*Populus tomentosa*）和油松（*Pinus tabulaeformis*）为研究对象，每个树种选择生长状况良好、树干通直、冠形丰满的植株 5～6 株，选择林冠外层、长度约为 15cm 和木质部直径约为 5mm 的 2～4 年生末端健康枝条。试验当天清晨采集待测枝条以确保最少木质部空穴化事件的产生，用对应的冲洗溶液浸泡，保存带回实验室立即进行测定。

（2）方法

①建立水力结构的测定装置。按 Sperry 等的方法建立了水力结构测定装置，利用一个密闭的套子（Cavitation 水势仪，PMS 公司，美国）将待测的植物茎干或根样品套住，样品的上端接 10 KPa 水压高度的冲洗液，下端用电子天平（Satorius，1/10 000 克，德国）测定冲洗液通过样品后的流速（水力导度）。采用真空增压泵（15G 0.4～8，杭州羊岗泵业有限公司大溪分公司）将水压增至 110 KPa，用来测定最大水力导度。通过外接加压设备（Cavitation 植物气穴压力仪，PMS 公司，美国）测定脆弱性曲线。

②不同冲洗液对最大水力导度、比导度、叶比导度、脆弱性曲线的影响。分别用去离子水（pH=7）、0.01 M 的草酸（pH=2）、0.03 M KCl（pH=7）溶液作为冲洗溶液对两个树种的枝条进行最大水力导度和脆弱曲线测定。每个树种每种处理溶液做 10～12 条枝重复。测定时室内温度控制在 26℃左右。

水力导度采用改良的"冲洗法"测定。每个枝条用冲洗溶液以 110 KPa 的压力冲洗 3 分钟数次，以使样品木质部内已存的空穴化导管或管胞重新注水，此时再用 10 KPa 的压力的冲洗溶液测得的水力导度就是最大水力导度 Kh ［单位：kg/（m² · MPa · s）］，该数值在 30 分钟内均无明显变化的迹象（预备实验结果），说明此时已无空穴化存在。将水力导度除茎段边材横截面积，便得出比导率 Ks ［单位：kg/（m² · MPa · s）］，即单位茎段边材横截面积的水力导度。叶比导率（Kl）是茎段末端叶供水情况的重要指标，用 Kh 除以茎段末端的叶面积（LA，m²）得到 Kl ［单位：kg/（m² · MPa · s）］。通过有色溶液冲洗染色的方法来确定功能木质部（木质部中导水的部分，大树一般指边材）的直径。直径用游标卡尺测量，由 EPSON 扫描仪（Perfection 4870，爱普生公司，日本）扫描毛白杨和油松叶片，并分别由 WinFOLIA 和 RHIZO 软件（Regent，加拿大）计算出叶面积。

木质部脆弱性曲线是用来描述植物木质部水势和栓塞化程度关系的曲线。一般采用"压力室法"测定。对待测枝条中部的木质部刻两个大约 0.1 mm 深的小槽，然后用 Cavitation 植物气穴压力仪（PMS，美国）对其持续加压 15 分钟，停止加压后用"冲洗法"测定水力导度，枝条水力导度减小的百分比即为该压力下植物木质部发生栓塞的程度。逐渐加压处理，测定对应的栓塞程度，直到枝条栓塞化程度达到 80% 以上。然后将测定结果用公式（1）进行回归，得到脆弱性曲线。式中，PLC 为水力导度损失的百分数，Ψ 为水势（枝条所加压力的负值），参数 a 为脆弱曲线的倾斜度，参数 b 为导水率下降 50% 的情况下对应的水势 $\Psi 50$。

$$\text{PLC} = 100/[1 + \exp(a * (\Psi - b)]) \tag{1}$$

③截枝实验。用110KPa去离子水分别对长度约为20cm的毛白杨和油松的枝条加压冲洗，使其木质部达到最大导水能力，然后在10KPa下用去离子水测其比导度。随后重复剪短枝条重新测定，得出不同长度下枝条的比导度变化。

5.3.2.2 导管和筛管系统水力导度和抵抗空穴化能力数据

（1）木质部导水能力随长度的变化（截枝试验）：随着毛白杨枝条的增长，其木质部比导度变化不大，枝条从5～20cm比导率变化幅度在－12%～18%之间，木质部的导水能力基本保持稳定。而对于油松而言，枝条长度为20cm时，其比导度比5cm长的枝条的比导度有明显提高，大约有30%～75%的上升，这说明在5～20cm范围内，随着油松枝条的增长，其木质部的导水能力增强。

（2）三种冲洗溶液对毛白杨和油松导水能力的影响：无论是毛白杨还是油松，用草酸和KCl溶液作为冲洗溶液都提高了木质部的比导度 Ks 和叶比导度 Kl 也就是说单位边材横截面的导水能力增强，单位叶面积的供水量更大。

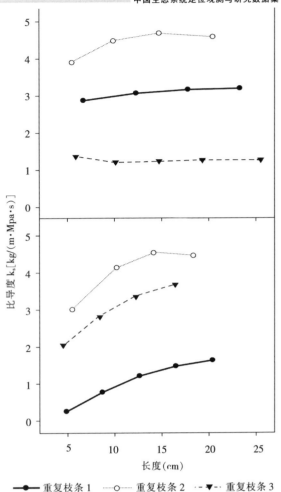

图 5-2 木质部比导度 Ks 随枝条长度的变化

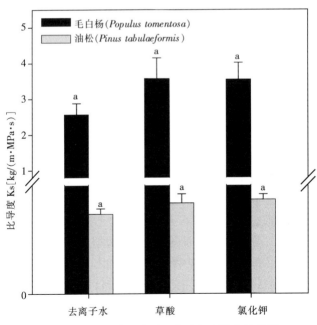

图 5-3 不同冲洗溶质下木质部比导度的差异

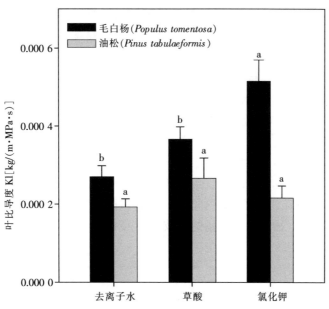

图 5-4　不同冲洗溶质下木质部叶比导度的差异

表 5-5　不同处理溶液下两种植物的 Ψ50、Kh、Ks 和 Kl 数值（平均值±标准误差）

物种 Species	处理溶液 Treat Solution	Ψ50 (MPa)	Kh [kg/（m·MPa·s）]	Ks [kg/（m·MPa·s）]	Kl [kg/（m·MPa·s）]
毛白杨	去离子水	-1.81 ± 0.19^a	$4.08E-05 \pm 0.91E-05^a$	2.57 ± 0.31^a	$0.000271 \pm 2.8E-05^b$
	草酸溶液	-2.19 ± 0.21^a	$5.27E-05 \pm 0.95E-05^a$	3.57 ± 0.58^a	$0.000367 \pm 3.2E-05^b$
	KCL溶液	-2.40 ± 0.21^a	$5.57E-05 \pm 1.32E-05^a$	3.55 ± 0.47^a	$0.000515 \pm 6.6E-05^a$
油松	去离子水	-2.38 ± 0.30^b	$8.55E-06 \pm 0.82E-06^a$	0.511 ± 0.035^a	$0.000193 \pm 2.1E-05^a$
	草酸溶液	-1.14 ± 0.21^c	$1.28E-05 \pm 0.20E-05^b$	0.583 ± 0.057^a	$0.000267 \pm 5.2E-05^a$
	KCL溶液	-4.06 ± 0.20^a	$1.23E-05 \pm 0.10E-05^{ab}$	0.605 ± 0.034^a	$0.000216 \pm 3.1E-05^a$

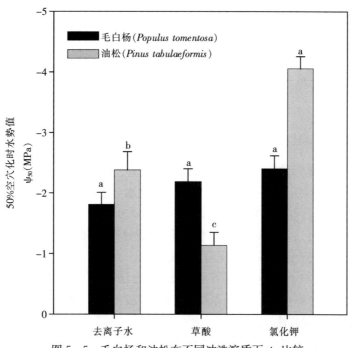

图 5-5　毛白杨和油松在不同冲洗溶质下 ψ_{50} 比较

毛白杨枝条在草酸冲洗后，Ks 和 Kl 分别提高了了 39％和 35％，而经过 KCl 溶液冲洗后，Ks 提高了 38％，Kl 增大了 90％（p＜0.05）。但是除毛白杨的 Kl 差异显著外，其他结果在不同处理下差异不显著（P＞0.05）。

油松的结果与毛白杨类似，在草酸冲洗后，其木质部 Ks 和 Kl 分别提高了 14％和 38％，而经过 KCl 溶液冲洗后，Ks 提高了 18％，Kl 增大了 12％。可以看出在去离子水作为冲洗溶液时水导度最低，而以草酸和 KCl 作为冲洗溶液后，水导度增加，油松木质部水导度的提高幅度略小于毛白杨木质部水导度，两树种的导水能力总体上都有一定的提高。

（3）三种冲洗溶液对毛白杨和油松抗栓塞化能力的影响：在蒸馏水作为冲洗溶质时，当对毛白杨木质部加压达到 −1.81 MPa 时，水导度降低到最大水导度的一半。而在草酸冲洗后当压力降低到 −2.19 MPa 才能使水导度下降到一半，KCl 溶液冲洗后该压力则需降低到 −2.40 MPa，不过三者之间差异并不显著（P＞0.05）。因此，毛白杨的小枝经草酸和 KCl 溶液冲洗后，其木质部抗栓塞化的能力有所增强。

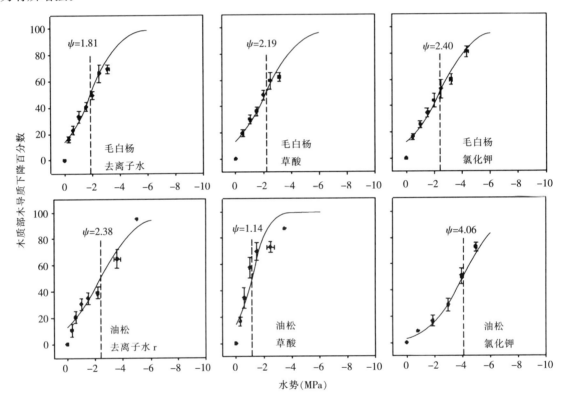

图 5-6　不同溶质下毛白杨和油松木质部导管脆弱性曲线（室温 26℃下测定，10～12 根枝条重复）

油松的结果与毛白杨的结果有所不同。在蒸馏水作为冲洗溶质时，水势达到 −2.38 MPa 时水导度下降一半，而在草酸冲洗后该压力在 −1.14 MPa 就可以使水导度下降到一半，只需要在蒸馏水冲洗时所需压力的 48％（p＜0.01），木质部管胞的抗栓塞化能力大大下降。当用 KCl 溶液冲洗后，压力达到 −4.06 MPa 时才可以使水导度下降到一半，木质部管胞的抗栓塞化能力将近提高了 71％（p＜0.01）。

毛白杨和油松水分运输安全性和有效性间的关系：

将两树种在不同冲洗溶液下的 ψ_{50} 和比导率 Ks、叶比导率 Kl 在 SPSS 下进行 Pearson 相关性分析，结果发现无论溶质是去离子水，还是草酸、KCl 溶液，其水分运输的安全性（ψ_{50}）和有效性（Ks、Kl）之间均没有显著相关性（p＞0.05）。

对毛白杨而言，用草酸和 KCl 溶液作为冲洗溶液时，随着 ψ_{50} 水势的下降，枝条导水率（Ks 和

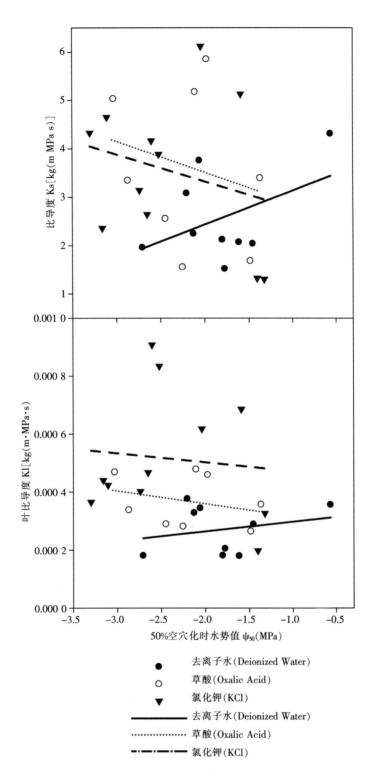

● 去离子水(Deionized Water)

○ 草酸(Oxalic Acid)

▼ 氯化钾(KCl)

——　去离子水(Deionized Water)

········　草酸(Oxalic Acid)

—·—·—　氯化钾(KCl)

图5-7　毛白杨 ψ_{50} 与木质部比导度 Ks、叶比导度 Kl 的相关性

Kl）有提高的趋势，而用蒸馏水趋势相反。油松的情况较为复杂，草酸作为冲洗溶液时，随着 ψ_{50} 水势的下降，枝条导水率（Ks 和 Kl）有提高的趋势，而在去离子水和 KCl 作为冲洗溶液的情况下，随着 ψ_{50} 水势的下降，枝条导水率（Ks 和 Kl）有提高的趋势。不同的处理下其水分运输和木质部安全性的关系差异较大，一方面说明不同的溶质对木质部的水力导度和抗栓塞化能力有影响，另一方面也

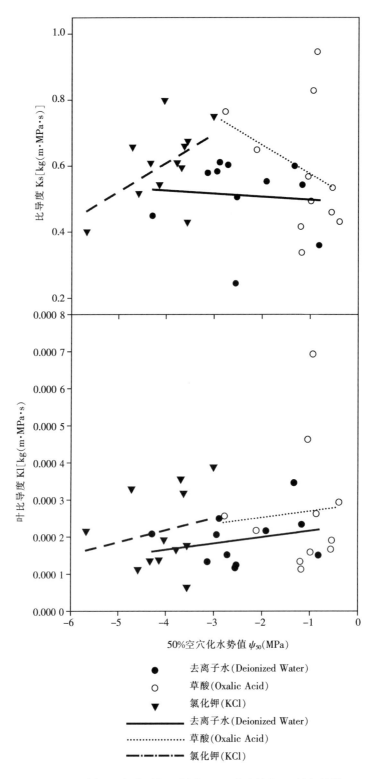

图 5-8　油松 ψ_{50} 与木质部比导度 Ks、叶比导度 Kl 的相关性

说明对于某一物种，水势在一定压力范围内（0～-6MPa）其枝条木质部水分运输效率和安全性没有体现出"补偿效应"。

5.4 站区主要群落类型种子雨格局研究数据

5.4.1 米心水青冈—曼青冈群落

(1) 采集地点：神农架地区米心水青冈—曼青冈常绿落叶阔叶混交林群落（北纬 31°19′4″，东经 110°29′44″，海拔 1 750m）。

(2) 数据获取方法：在米心水青冈—曼青冈常绿落叶阔叶混交林固定样地中，在 80×80m 范围内布置 23 个种子收集器，种子收集器由直径为 1.0 mm 的塑料网制成，塑料网固定在 0.6×0.9m 的木质框架上，用木棍支起，距地面 0.5m。种子收集从 2002 年 8 月 11 日开始，至 10 月 30 日，每 5～10 天收集一次，共取样 11 次。在种子雨的初期，调查频率为每 5 天 1 次，后期为每天 1 次。

(3) 种子雨大小和强度：共收集到种子 4 029 粒，种子雨强度为 324.40 粒/m²。其中成熟被害种子数量很大，达 888 粒（其中病虫害 266 粒，动物就地取食 622 粒）占种子雨的 22.04%，未成熟种子 484 粒/m²，占种子雨的 12.01%；成熟有效种子 2 657 粒，占种子雨的 65.95%。优势种米心水青冈共收到 1 102 粒种子，其种子雨强度为 88.73 粒/m²；曼青冈共收到种子 320，其种子雨强度为 25.76 粒/m²。优势树种的种子量占种子雨 35.29%，但成熟有效种子仅占 1.43%，说明优势种种子数量虽然较大，但其成熟有效种子确没有在群落中占据优势。

表 5-6 种子雨雨量统计分析结果

中文名	收集到种子总量	病虫害	动物取食	败育	千粒重(g)	种子雨强度(粒/m²)
匙叶栎	9	1	3	2	327.78	0.72
灯台树	438	4	0	1	79.53	35.27
大穗鹅耳枥	144	0	25	3	40.09	11.59
鄂椴	54	0	1	1	214.54	4.35
化香树	1 298	0	0	0	2.64	104.51
领春木	100	6	0	5	4.46	8.05
曼青冈	320	1	5	259	140.71	25.76
米心水青冈	1 102	221	471	180	70.50	88.73
青榨槭	20	0	0	0	166.07	1.61
石灰花楸	47	3	20	7	147.88	3.78
水榆花楸	93	22	1	0	42.52	7.49
四照花	19	0	6	0	100.00	1.53
小叶青皮槭	37	0	0	2	142.51	2.98
血皮槭	316	7	78	19	75.97	25.44
椎栗	32	1	12	5	490.20	2.58
合计	4 029	266	622	484	—	324.40

(4) 种子雨时间格局：该群落果实成熟并开始脱落大约在 7 月底，8 月中旬出现一次高峰，10 月初出现第二次高峰，10 月底落果完毕，落果期持续近 3 个月。优势树种米心水青冈及曼青冈落果集中在 7～8 月，其他树种如灯台、鹅耳枥、水榆花楸、血皮槭、化香等则集中在 9～10 月（图

5-9，图5-10）。

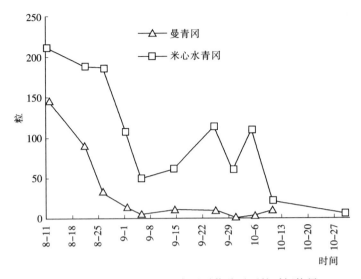

图5-9　米心水青冈—曼青冈群落种子雨的时间格局

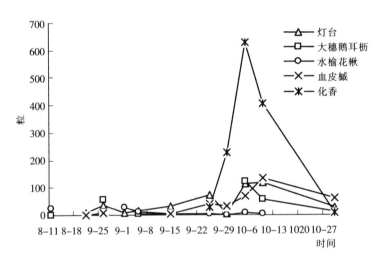

图5-10　米心水青冈—曼青冈群落其他树种种子雨的时间格局

5.4.2　神农架巴山冷杉林

（1）采集地点及样地信息：在神农架自然保护区内的巴山冷杉林样地中布设3个采样地。样地1为巴山冷杉林—箭竹群丛，样地海拔2 610m，面积20m×20m，坡向NE50°乔木层盖度80%，灌木层盖度80%，草本层盖度65%。主要植物种类有：巴山冷杉，红桦、箭竹、巴东荚迷（*Viburnum henryi*）、矮冷水花（*Pilea peploides*）、七筋姑（*Clintonia udensis*）等。样地2为巴山冷杉林—茵芋群丛，样地海拔2 570m，面积20m×20m，坡向NE43°，乔木层盖度85%，灌木层盖度35%，草本层盖度90%。主要植物种类有：巴山冷杉，红桦、茵芋（*Skimmia reevesiana*）、鄂西瑞香（*Daphne wilsonii*）、窄萼凤仙花（*Impatiens stenosepala*）、落新妇（*Astilbe chinensis*）等。样地3为巴山冷杉林—陕甘花楸群丛，该样地巴山冷杉为丛生簇，周围被亚高山草甸所包围，样地海拔2 860m，设置样地时将该处所有巴山冷杉植株包括进样地内，样地面积28m×26m，坡向SE39°。乔木层盖度65%，灌木层盖度45%，草本层盖度65%。主要植物种类有：巴山冷杉、陕甘花楸、箭竹、宝兴茶藨子（*Ribes moupinense*）、老鹳草（*Geranium wilfordii*）、多头风毛菊（*Saussurea polycephala*）等。

（2）数据获取方法：巴山冷杉—箭竹样地和巴山冷杉—茵芋样地采用相同的布设方式，以调查种群内的种子雨动态。在每个样地内按照行间距2m，列间距4m均匀布置5列8行共40个收集器并按顺序逐一编号。巴山冷杉—陕甘花楸样地种子收集器的布设方法是：以接近样地中心的一棵结实母树为起始中心，沿等高线方向和垂直等高线方向布置4条收集器带。每方向上第一个收集器距离母树1.5m，之后样地内每隔2m放置一个收集器，样地外每隔1m放置一个，每边向外延伸10个收集器。收集器为50cm×50cm×5cm（长×宽×高）的木质筐架，底部用直径2mm的塑料网所封闭，为防止动物捕食，将每个收集器用箭竹棍支撑离地50cm。自2005年10月初种子开始下落起至11月底种子雨基本结束止，每隔5天一次。

（3）种子雨大小和强度：巴山冷杉—箭竹群落的种子雨强度平均为167.93±111.14粒/m^2，巴山冷杉—茵芋群落的种子雨强度为16.41±14.41粒/m^2。巴山冷杉—陕甘花楸群落的种子雨主要集中在林冠范围内，林冠内种子雨平均强度为42.06±30.87粒/m^2，林冠之外的种子雨强度迅速减少，平均只有4±3.59粒/m^2，该群落总体种子雨的平均强度为17.76±13.51粒/m^2（邹莉等，2007）。

用TTC法检测其生活力，按检测结果将种子区分为空粒（包括涩粒）、病虫害粒、染色有生活力和染色无生活力四种类型，各类型组成如图5-11。

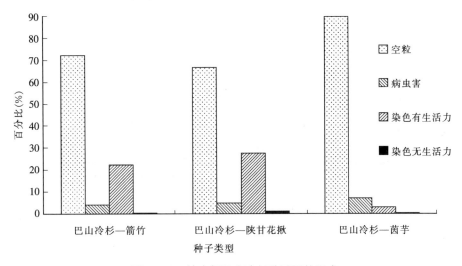

图5-11 神农架巴山冷杉种子雨的组成

（4）种子雨时间格局：巴山冷杉—箭竹群落的种子雨强度随时间表现出先增后减的单峰型趋势（图5-12），雨期开始后种子雨逐渐增强，10月27日～11月2日间为种子雨的最高峰期，这期间种子雨的平均密度达329.30粒/m^2，散落的种子数量占总雨量的28.01%，之后种子雨强度便减少，后期维持在一个较低的水平。落种期间无生活力种子的强度和总的种子雨强度同步达到峰值，表现出相似的变化趋势，但是有生活力种子的散落高峰却早于总的种子雨散落高峰，出现在10月21日～10月27日之间，其最大强度为74.30粒/m^2。

巴山冷杉—陕甘花楸群落种子雨强度的时间动态波动较大。在10月15日到10月21日之间出现了第一次高峰，平均强度为37.94粒/m^2，之后种子雨强度锐减，在10月27日到11月2日间散落强度虽有所回升但种子雨密度已明显降低，仅有25.87粒/m^2，在落雨过程快要结束前又出现了一个小的尾峰。整个过程中有生活力种子、无生活力种子的强度和总的种子雨强度趋于同步达到高峰值。就不同类型的种子所占的比例而言（图5-13），仍是种子雨前期有生活力的种子所占的比例要大，到11月2日止，已散落的有生活力的种子数量占到了整个雨期有生活力种子总数的95.64%。因此，在不考虑种子捕食者和其他限制因子的前提下，早期的种子雨的萌发潜力要高于后期散落的种子。

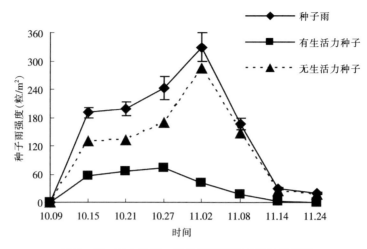

图 5-12　巴山冷杉—箭竹群落的种子雨时间格局

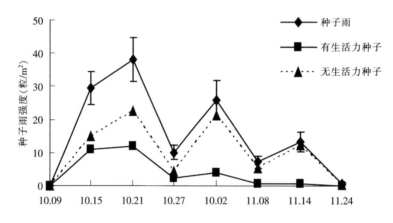

图 5-13　巴山冷杉—陕甘花楸群落的种子雨时间格局

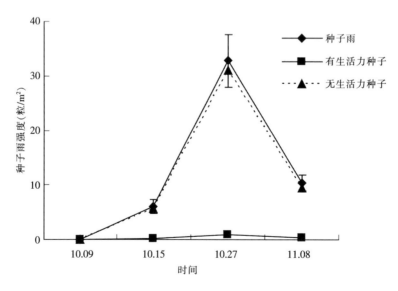

图 5-14　巴山冷杉—茵芋群落的种子雨时间格局

5.4.3 神农架锐齿槲栎林

（1）数据采集地点：湖北省兴山县龙门河林场。

表 5-7 采样地地理位置

地 点	经 度	纬 度	海 拔	坡 向	坡 度
杉林子	110°29.42′E	31°20.16′N	1 326m	104°	36.5°
陈林座	110°28.07′E	31°20.95′N	1 397m	178°	29°
上湾	110°29.76′E	31°19.04′N	1 646m	112°	36°

（2）数据获取方法：按行、列间隔均为10m的矩阵在样地里安置种子收集器。收集器形状为正棱柱体，顶面敞开，底面用孔径为2mm×2mm的尼龙纱网。收集器为1m（长）×1m（宽）×0.3m（高），四周用木板围起，每块样地共放置9个这样的收集器。实验从2001年起连续观测3年，观测时间为9月1日起至当年11月20日，每二天观察记录和采收收集器里面接到的自然下落的种子。

种子雨大小和强度：

表 5-8 锐齿槲栎林种子雨的年平均密度

	陈林座	杉林子	上湾
种子雨密度	55.8±21.9	48.6±13.9	76.7±35.3

对同株锐齿槲栎的种子雨进行分析发现，种子密度存在差别（表5-8），在距离上，表现出距母树越近种子密度越高的特点；在种子的性状上，被昆虫侵害的所占比例最大，有活力种子次之，未发育成熟的最少；在空间方位上，树木的东方和南方结实量最大。

（3）种子雨空间格局：种子雨在不同方向不同区段上均为聚集分布，且主要聚集在前一区段，进一步表现出种子扩散距离的有限性。

表 5-9 锐齿槲栎标准木在不同方向、不同距母树距离和不同性状的种子密度

	种子密度		
距母株距离	2m	4m	6m
	97.6±31.8	92.6±29.8	85.1±33.5
种子性状	有活力种子	不成熟种子	被昆虫侵害种子
	96.1±32.0	68.8±20.5	110.3±27.2
空间方向	东方	南方	西方	北方
	105.3±28.4	100.6±32.0	80.9±30.3	80.1±29.8

5.5 神农架地区主要群落凋落物及养分数据

5.5.1 神农架米心水青冈—曼青冈群落

5.5.1.1 数据说明

（1）采集地点：神农架南坡（北纬31°19′4″，东经110°29′44″）米心水青冈—曼青冈固定样地。

（2）数据获取方法：在样地内布置23个凋落物收集器。收集器由直径为1.0 mm（18目）的塑料网制成，塑料网固定在0.6×0.9 m的木质框架上，收集器用木棍支起，距地面0.5 m。凋落物收集从

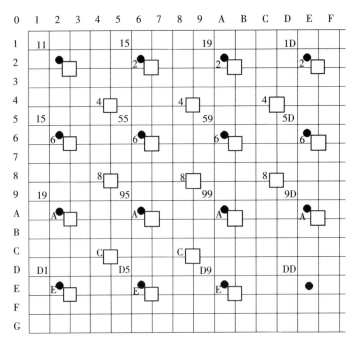

图 5-15 凋落物收集器布设示意图

2002 年 7 月 15 日开始，至 2003 年 12 月 30 日，每 10～15 天收集一次，共取样 27 次。凋落物取回实验室后分检到种，在 70℃ 的烘箱中烘干至衡重，之后称重。分析养分元素含量的样品共取 6 次，即 1 月，3 月，5 月，7 月，9 月，11 月。植物样品磨碎过 40 或 60 目筛，经 $H_2SO_4 - H_2O_2$ 消化备用。

（2）测定方法：有机质采用重铬酸钾—硫酸氧化法；氮采用凯氏法测定；磷采用钼锑抗比色法测定；钾经硝酸—高氯酸消煮后，采用火焰光度计测定；镁、锰、铜及锌硝酸—高氯酸消煮后，采用原子吸收分光光度计测定；硼用干灰化—甲基胺比色法测定。

5.5.1.2 凋落物组成

表 5-10 米心水青冈—曼青冈群落的年均凋落物量

年　份	种　　名	重量 [kg/ (hm² · a)]
2002—2003	米心水青冈	357.1
2002—2003	曼青冈	1 146.6
2002—2003	粉白杜鹃	395.4
2002—2003	石栎	246.4
2002—2003	小叶青皮槭	208.9
2002—2003	血皮槭	54.9
2002—2003	三桠乌药	56.8
2002—2003	其他	824.2

5.5.1.3 凋落物季节动态

群落的凋落有两个高峰，一次是在 11 月份，第二次高峰出现在 6～7 月（图 5-16）。

常绿树种全年都有凋落发生，曼青冈换叶主要集中在每年的 2～8 月，6 月为换叶的高峰期，占全年凋落量的 18.3%，9 月到次年 1 月凋落量较少，占全年凋落量的 12.1%。粉白杜鹃的凋落过程比较复杂，可以分出两个比较明显的换叶高峰，第一次高峰为 1～2 月，其中 2 月份换叶数量最大，

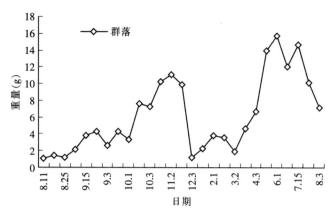

图 5-16 群落总体凋落物量的季相动态

第二次高峰发生在 4～9 月之间，其中 8 月为换叶高峰。石栎的凋落过程与粉白杜鹃相似，2 月和 6 月为其换叶的高峰期（图 5-17）。

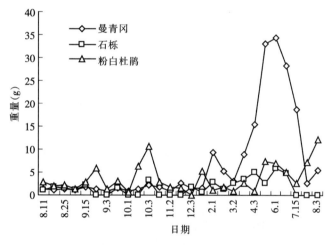

图 5-17 群落主要常绿树种凋落物量的季相动态

米心水青冈、小叶青皮槭及三桠乌药的凋落过程比较一致，主要发生在每年的 10～12 月，血皮槭的调落过程比较长，主要集中在 9 月到次年的 2 月（图 5-18）。

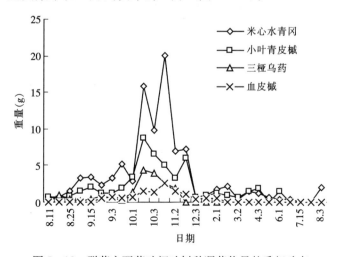

图 5-18 群落主要落叶阔叶树种凋落物量的季相动态

5.5.1.4 凋落物养分

凋落物养分含量存在着明显的月变化规律，有机碳的含量最高，9 月份为其峰值；钙的含量次之，变化趋势也比较明显，最高值也出现在 11 月份；全氮在 3 月份含量最高；全磷在 11 月份含量最高；全钾的峰值出现在 9 月份；全镁的分布比较均一，最高值出现在 11 月份。微量元素中锰元素的含量最高，其最高值出现在 7 月份；其次为 Zn，它的峰值出现在 11 月份，B 和 Cu 的含量变化比较平稳，最高值分别出现在在 7 月和 11 月。

表 5-11 凋落物养分含量的季相变化

元　　素	1 月	3 月	5 月	7 月	9 月	11 月
有机碳（Organic C %）	37.56	38.88	41.58	32.04	43.06	24.84
氮（N,%）	0.82	1.31	0.97	0.85	0.94	0.88
磷（P %）	0.68	0.87	0.70	0.77	0.39	1.11
五氧化磷（P_2O_5 ppm）	1.55	1.99	1.60	1.76	0.90	2.55
钾（K,%）	0.22	0.45	0.34	0.19	0.48	0.23
氧化钾（KO,%）	0.26	0.55	0.41	0.23	0.58	0.27
钙（Ca,%）	2.26	1.88	2.26	1.91	2.35	2.79
镁（Mg,%）	0.36	0.42	0.35	0.35	0.36	0.49
铜（Cn, ppm）	15.81	17.36	19.10	20.97	17.91	23.71
氧化铜（CuO, ppm）	19.79	21.73	23.91	26.25	22.42	29.68
锌（Zn, ppm）	55.59	61.69	60.53	62.12	50.78	87.82
氧化锌（ZnO, ppm）	69.19	76.79	75.35	77.32	63.20	109.32
锰（Mn, ppm）	1 692.77	1 541.25	1 622.71	1 871.39	997.50	1 037.11
硼（B, ppm）	7.15	9.45	16.46	22.12	15.89	15.44

5.5.1.5 凋落物年归还量

米心水青冈养分元素年还原量的排列顺序为：$Organic-C>Ca>P>N>Mg>K_2O>K>Mn>ZnO>Zn>CuO>Cu>B>P_2O_5$。曼青冈养分元素年还原量的排列顺序为：$Organic-C>Ca>N>P>K_2O>Mg>K>Mn>ZnO>Zn>CuO>Cu>B>P_2O_5$。曼青冈各养分元素含量均高于米心水青冈。米心水青冈及曼青冈两者占总归还量的 45.61%。

表 5-12 群落优势树种养分元素的年归还量

年还原量	米心水青冈 [kg/（hm² · a）]	曼青冈 [kg/（hm² · a）]	其他种 [kg/（hm² · a）]	总　量 [kg/（hm² · a）]
有机碳（Organic-C）	149.34	441.70	699.02	1 290.07
氮（N）	3.16	11.45	15.38	29.99
磷（P）	4.40	8.23	13.47	26.10
五氧化磷（P_2O_5）	0.00	0.00	0.00	0.01
钾（K）	0.62	3.62	5.82	10.06
氧化钾（K_2O）	0.75	4.37	7.01	12.12
钙（Ca）	10.16	22.22	46.71	79.09
镁（Mg）	1.90	3.99	7.46	13.34
铜（Cu）	0.01	0.02	0.04	0.07

(续)

年还原量	米心水青冈 [kg/ (hm² · a)]	曼青冈 [kg/ (hm² · a)]	其他种 [kg/ (hm² · a)]	总 量 [kg/ (hm² · a)]
氧化铜（CuO）	0.01	0.03	0.05	0.09
锌（Zn）	0.03	0.07	0.12	0.22
氧化锌（ZnO）	0.04	0.08	0.15	0.28
锰（Mn）	0.28	1.84	1.65	3.77
硼（B）	0.00	0.02	0.03	0.05
总量 Total	170.71	497.63	796.91	1 465.26

5.5.2　神农架巴山冷杉天然林凋落物及养分

5.5.2.1　数据说明

（1）采集地点：神农架自然保护区巴山冷杉林样地。

（2）数据获取方法：在巴山冷杉天然林标准地内按随机加局部控制的原则（分别位于上、中、下坡并分布均匀）布设 18 个 1m×1m 的凋落物收集筐，收集网用孔径为 0.5mm 的尼龙网制成。离地面 20～25cm 水平置放收集筐。从 2006 年 9 月底开始每隔一个月收集一次凋落物，一直持续至 2007 年 9 月底，共收集 6 次。

（3）凋落物处理方法：每个收集筐内的凋落物于 70℃下烘至恒重，之后把凋落物按落叶、落枝（包括树皮和枝皮）、球花、球果（包括脱落的种子）和其他（主要为林下植被的落叶、落枝、虫鸟粪、蛹、小动物残体等）分成五个组分，并称重（精确到 0.01g）。按组分将 18 个收集筐中的样品混合，量多的（如落叶、落枝）按四分法取样，量少的（如球花）全部取样，将样品磨碎，过 60 目筛后贮存于广口瓶中备用。

（4）凋落物养分的测定：采用 $H_2SO_4 - H_2O_2$ 消煮法制备 N、P、K 的待测液，用凯氏定氮仪测定全 N，钼锑抗比色法测定全 P，火焰光度计法测定全 K（董鸣等，1996）。采用 $HNO_3 - HClO_4$ 消煮法制备 Ca、Mg 的待测液，之后用火焰光度计法测定 Ca 和 Mg（董鸣等，1996）。

5.5.2.2　凋落物组成

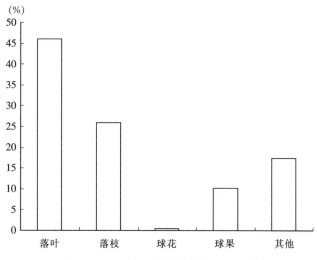

图 5-19　巴山冷杉林凋落物组成分析

5.5.2.3 凋落物季节动态

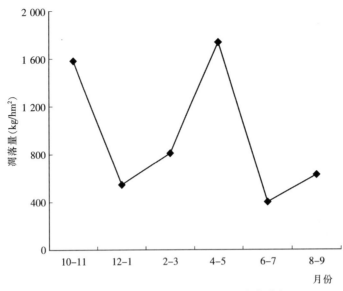

图 5－20 巴山冷杉林凋落物总量月变化分析

5.5.2.4 凋落物养分含量

表 5－13 巴山冷杉林凋落物各组分中 N、P、K、Ca、Mg 的年平均含量

组分	N	P	K	Ca	Mg
落叶	8.105 4	0.935 2	2.500 9	1.019 2	0.014 2
落枝	4.893 7	0.680 5	2.101 5	0.955 7	0.018 7
球花	10.849 8	1.220 4	1.965 8	0.531 4	0.012 8
球果	3.879 2	0.623 5	2.308 1	0.384 3	0.009 0
其他	8.097 3	0.683 9	2.391 4	1.176 9	0.020 7
林分	6.857 2	0.795 1	2.356 1	0.963 8	0.016 0

5.5.2.5 凋落物年归还量

表 5－14 巴山冷杉林凋落物各组分中 N、P、K、Ca、Mg 的年归还量

组分	N	P	K	Ca	Mg	总计
落叶	21.265 0	2.453 6	6.561 3	2.674 0	0.037 2	32.991 1
落枝	7.241 2	1.006 9	3.109 6	1.414 2	0.027 6	12.799 6
球花	0.299 6	0.033 7	0.054 3	0.014 7	0.000 4	0.402 7
球果	2.234 3	0.359 1	1.329 4	0.221 4	0.005 2	4.149 4
其他	8.066 1	0.681 3	2.382 2	1.172 3	0.020 6	12.322 5
合计	39.106 3	4.534 6	13.436 7	5.496 5	0.091 1	62.665 2

（数据引自春敏莉等，2009）

5.6 神农架主要群落更新数据

5.6.1 神农架啮齿目动物对锐齿槲栎种子传播的影响

5.6.1.1 数据说明

（1）采集地点：神农架地区同一海拔高度的 2 块天然次生林样地（一块以锐齿槲栎为优势树种，

另一块以鹅耳枥、红桦为主要优势树种）见表 5－15。

表 5－15　橡子取食和散布实验样地的地理位置

地　点	林　分	经　度	纬　度	海　拔	坡　向	坡　度
陈林座	锐齿槲栎林	110°28.07′E	31°20.95′N	1 397m	178°	29°
狮子峰	鹅耳枥—红桦混交林	110°28.14′E	31°19.55′N	1 473m	142°	27°

（2）数据获取方法：在种子下落高峰期（10 月 15～20 日）和种子基本落完的时间段（11 月 15 日—20 日）布置捕鼠夹，捕鼠夹用当地常用的铁制捕鼠夹（长 14cm，宽 8.7cm，湖北省鼠害防治公司生产），饵料用新鲜的去除坚硬木质的外种皮的锐齿槲栎种子，用样方法采样，每一样地共设 100 个捕鼠夹，每 2 捕鼠夹间的间隔距离为 10m，每日 14：00～18：00 放置捕鼠夹，次日上午 8：00 到 12：00检查，用干净的鼠夹置换捕到动物的，用新饵料补充已被动物取食，捕过动物的鼠夹至少在流水中冲洗 12小时。每一样方内放置捕鼠夹 2 日，在同一样地中选 3 个样方（即 3 次重复）。通过检查标记地点放置橡子的消失速度来确定动物对种子的搬运情况，在选定的锐齿槲栎林与鹅耳枥—红桦混交林中选择立地条件基本一致的地方各设一条样线，在样线上每隔 5m 放 20 粒 1 堆的橡子，实验 10 个重复，调查时间同样为种子下落高峰期的 10 月 15～20 日和种子基本落完 11 月 15～20 日。不同林下灌丛的立地条件下橡子的传播距离用线标法来测定（Wang & Ma，1999；Xiao & Zhang，2003）。具体做法是，在橡子坚硬木质的外果皮上用直径为 0.8mm 的针打一个小孔，然后穿过细线，把细线系于种子上，不同颜色的细线标记不同位置的种子，在林下植物丛浓密的箬竹向稀疏的灌草过渡的地方，实验设置 3 个重复。种子放置时间为 11 月 21 日上午 8：00 到 12：00，连续观测 6 天时间，检查种子的消失数量和传播距离。

（3）凋落物处理方法：每个收集筐内的凋落物于 70℃下烘至恒重，之后把凋落物按落叶、落枝（包括树皮和枝皮）、球花、球果（包括脱落的种子）和其他（主要为林下植被的落叶、落枝、虫鸟粪、蛹、小动物残体等）分成五个组分，并称重（精确到 0.01g）。按组分将 18 个收集筐中的样品混合，量多的（如落叶、落枝）按四分法取样，量少的（如球花）全部取样，将样品磨碎，过 60 目筛后贮存于广口瓶中备用。

（4）凋落物养分的测定：采用 $H_2O_2 - H_2SO_4$ 消煮法制备 N、P、K 的待测液，用凯氏定氮仪测定全 N，钼锑抗比色法测定全 P，火焰光度计法测定全 K（董鸣等，1996）。采用 $HNO_3 - HClO_4$ 消煮法制备 Ca、Mg 的待测液，之后用火焰光度计法测定 Ca 和 Mg（董鸣等，1996）。

5.6.1.2　小型啮齿目动物捕获情况

表 5－16　小型啮齿目动物捕获情况

种　类	陈林座						狮子峰					
	10 月 16～17	10 月 18～19	10 月 20～21	11 月 7～8	11 月 9～10	11 月 11～12	10 月 16～17	10 月 18～19	10 月 20～21	11 月 7～8	11 月 9～10	11 月 11～12
珀氏长吻松鼠	—	—	—	—	—	—	1	—	—	—	—	—
猪尾鼠	—	1	1	—	—	—	—	—	—	—	—	1
中华姬鼠	—	—	—	1	—	—	—	—	—	2	—	—
朝鲜姬鼠	—	—	—	—	—	—	2	1	—	3	1	—
高山姬鼠	—	1	—	1	—	—	—	—	—	—	—	—
北社鼠	1	3	1	7	4	3	3	3	1	6	5	4
针毛鼠	—	—	—	—	—	—	—	—	1	1	—	—
川西白腹鼠	—	—	—	—	—	—	—	—	—	—	1	—

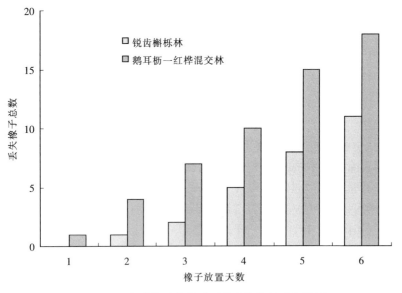

图 5 - 21　实验橡子在橡子下落高峰期的丢失数目

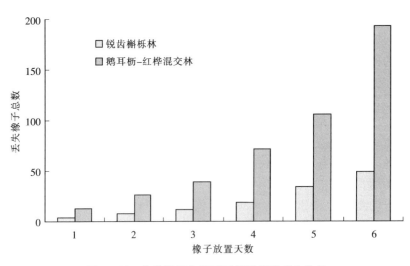

图 5 - 22　实验橡子在橡子下落后期的丢失数目

5.6.1.3　不同林型在不同时间对橡子丢失速度的影响

在 10 月中旬橡子下落高峰期，实验橡子丢失比较缓慢，其中在锐齿槲栎样地中的橡子在 6 天的实验中，共丢失 11 枚，平均每天丢失 1.8 枚；在以红桦和鹅耳枥为优势树种的林地中，6 天共丢失 18 枚，平均每天被动物运走 3 枚。

在锐齿槲栎橡子基本落完的 11 月中旬，实验所设的橡子丢失速度相对较快，其中在锐齿槲栎样地中的橡子在 6 天的实验中，共丢失 49 枚，平均每天丢失 8.2 枚；在以红桦和鹅耳枥为优势树种的林地中，6 天共丢失 193 枚，平均每天被动物运走 32.2 枚。

通过橡子丢失实验发现相同林型不同时期橡子丢失速度差异很大，在锐齿槲栎林中在 11 月中旬橡子平均丢失速度是 10 月中旬的 4.6 倍，而在鹅耳枥—红桦混交林中这一数字为 10.7 倍；不同林型在相同时期的橡子丢失速度的差别也比较明显，在 10 月中旬的橡子下落高峰期，在鹅耳枥—红桦混交林中橡子的平均丢失速度是锐齿槲栎林中的 1.64 倍，在 11 月中旬的橡子基本下落完时期这一数字为 3.94 倍。

5.6.2 林隙与林下环境对锐齿槲栎和米心水青冈种群更新的影响

5.6.2.1 数据说明

采集地点：神农架国家级自然保护区内在以锐齿槲栎林（道窝坑样地）、米心水青冈林（36 拐样地）为优势种群的样地中选择立地条件基本一致的 3 块大小约 30m×30m、年龄基本一致的林窗（约在 10～15 年），在林窗下正中位置选定大小为 20m×20m 的样地进行每木检尺调查，同时，在两种群的样地中各随机选择同样大小且立地条件一致的林冠下样地各 3 块作为对照，来比较两树种在林窗、林冠下的更新情况。在调查中，把所选样地分成 5m×5m 的小样方，统计里面的幼苗（地径在 1cm 以下）和幼树（地径在 1cm 至胸径在 4cm 之间）数量。见表 5-17。

表 5-17 锐齿槲栎和米心水青冈林的实验样地概况

地 点	林 分	经 度	纬 度	海 拔	坡 向	坡 度
道窝坑	锐齿槲栎林	110°21.57′E	31°29.38′N	1 835m	85°	34°
三十六拐	米心水青冈林	110°29.44′E	31°19.04′N	1 720m	305°	49°

5.6.2.2 锐齿槲栎和米心水青冈种群的林窗与林冠下更新

表 5-18 锐齿槲栎和米心水青冈的林窗下更新

种类	林窗 1		林窗 2		林窗 3	
	幼苗	幼树	幼苗	幼树	幼苗	幼树
锐齿槲栎	243（3）	0	190（1）	0	233（5）	0
米心水青冈	89（88）	5（5）	43（43）	1（1）	77（77）	7（7）

注：括号内为萌生苗木

在林窗下，锐齿槲栎幼苗数较多，在 20m×20m 的样地中，平均共有 222 株（0.56 株/m²）幼苗，为米心水青冈幼苗平均数 70 株（0.17 株/m²）的 3.2 倍。调查的 3 个样地中竟没有发现锐齿槲栎幼树，其从幼苗到幼树的发育过程中的死亡率达到了 100%，而在调查的三块米心水青冈样地中共发现米心水青冈幼树 13 株，幼苗到幼树的成活率约为 6.2%（陈志刚，2005）。

表 5-19 锐齿槲栎和米心水青冈的林冠下更新

种 类	林冠下 1		林冠下 2		林冠下 3	
	幼苗	幼树	幼苗	幼树	幼苗	幼树
锐齿槲栎	131（3）	0	144（2）	1（0）	107（3）	0
米心水青冈	189（187）	18（16）	87（87）	4（4）	71（71）	5（5）

注：括号内为萌生苗木

在林冠下，锐齿槲栎和米心水青冈种群中都出现了充足的幼苗库，在 20m×20m 的样地中，锐齿槲栎平均幼苗数为 127 株，即 0.32 株/m²，米心水青冈平均幼苗数为 116 株，即 0.29 株/m²，两者密度相差不多。与林窗下情况相同的是，锐齿槲栎幼树在林冠下也极为罕见，在 1 200m² 的林冠下样地中，只发现 1 株锐齿槲栎幼树，但发现米心水青冈幼树有 27 株，从幼苗到幼树的成活率为约 7.8%。

锐齿槲栎种群林窗下幼苗的更新数量比在林冠下有明显的提高，在 20m×20m 的样地中，林窗下的幼苗数（平均 222 株）为林冠下幼苗数（平均 127 株）的 1.75 倍；对于米心水青冈种群，其幼苗的更新情况正好相反，在 20m×20m 的样地中，其在林冠下的幼苗数（平均 116 株）为林窗下幼苗数（平均 70 株）的 1.66 倍。

5.7 神农架国家级自然保护区社会经济数据

5.7.1 数据说明

神农架自然保护区位于湖北省西南部，保护区范围为东经 110°03′05″～110°33′50″，北纬 31°21′20″～31°30′20″，保护区面积为 704.7km²，共有九冲、黄柏阡、坪堑、青书、二坪、三河、长岭、原宜、东溪、响水、三股水、对窝石、板桥河、下谷坪、东北口、脑水河、李子山等 17 个村庄。村庄分布见图 5-23。

在 2002 年 9 月到 11 月，采用入户调查的方式对神农架自然保护区的 17 个村庄 1 703 个家庭的 6 866 个人口进行了调查。

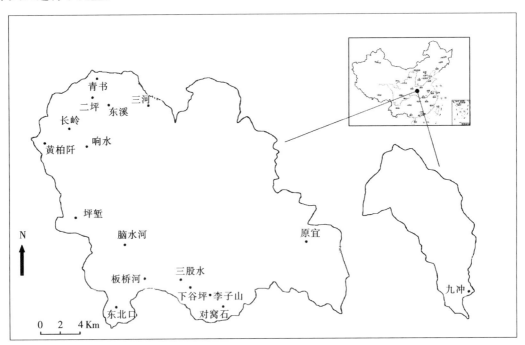

图 5-23 神农架自然保护区村庄分布图

5.7.2 人口年龄结构和文化程度

表 5-20 2001 年度神农架自然保护区人口年龄结构和文化程度

年龄结构	人口数	比率（%）	文化程度	比率（%）
20 岁以下	2 197	32	未受过教育的	14
21～40 岁	2 060	30	小学	50
41～60 岁	1 922	28	初中	28
60 岁以上	687	10	高中	7
总计	6 866	—	大学	1

5.7.3 家庭年均收入构成

表 5 - 21　神农架自然保护区家庭年均收入构成

単位：元

农作物				畜牧业				临时工	其他
玉米	马铃薯	大豆	小麦	猪	牛	羊	鸡		
575.3	247.0	66.4	14.2	675.7	133.3	89.8	90.5	727.9	1 590.7

其他包括退耕还林补贴以及茶业、药材、果树等收入。

5.7.4 家庭年均支出构成

表 5 - 22　神农架自然保护区家庭年均支出构成

単位：元

纳税	教育	农业投入	用电	其他	总计
140.2	333.7	187.3	82.9	360.5	1 104.6

其他包括交通、医药和通讯等项支出。

5.7.5 各村农民整体经济状况

表 5 - 23　神农架自然保护区农民整体经济状况

村	家庭数	人口数	散工	收入				支出			
				农业	畜牧业	散工	其他	纳税	教育	农业	电
九冲	106	394	70	136.0	279.7	275.6	127.9	120.8	226.1	206.4	86.6
黄柏阡	126	488	22	267.2	370.5	125.0	549.9	258.2	357.9	26.7	0.0
坪堑	100	410	4	471.5	380.0	19.5	66.7	213.6	155.0	697.7	8.3
青书	84	420	0	71.2	157.4	0.0	226.6	62.4	169.6	219.9	93.9
二坪	68	343	2	115.3	375.5	35.0	200.7	202.0	147.1	224.9	54.1
三河	77	365	65	149.6	287.8	194.0	88.8	189.6	202.6	148.5	1.9
长岭	53	263	87	123.6	362.3	430.8	0.0	235.0	818.9	204.2	64.5
原宜	18	70	14	54.1	247.6	310.2	0.0	169.3	191.1	142.6	137.5
东溪	102	424	6	282.0	174.8	24.3	100.1	198.0	251.5	288.8	80.9
响水	98	440	3	150.7	371.6	17.0	31.6	174.3	186.2	239.1	72.9
三股水	185	656	0	99.0	206.6	0.0	353.3	99.9	426.5	138.0	117.3
对窝石	17	64	0	139.6	168.6	0.0	178.1	221.7	552.9	256.5	124.1
板桥河	157	578	52	151.9	166.1	149.8	688.5	89.4	554.0	13.8	109.7
下谷坪	207	751	144	92.4	161.4	370.3	388.6	87.3	280.5	174.4	120.0
东北口	75	331	46	318.3	208.0	197.0	174.7	130.1	272.4	186.0	31.9
脑水河	177	680	119	243.0	179.3	184.7	1 496.6	101.3	495.1	135.0	137.5
李子山	53	189	42	76.0	177.2	422.3	538.0	69.0	222.2	122.5	106.1

注：以上数据引自 Chen Zhigang，2005

5.8 依托台站监测数据发表的论文

［1］ Deng Hongbin，Jiang Mingxi，Wu Jinqing，Ge Jiwen，2002. Flora and ecological characteristics of rare plant communities on the southern slope of Shennongjia Mountain. *Journal of Forestry Research*，13：21－24.

［2］ Fang-Qing Chen，Zong-Qiang Xie，2007. Reproductive allocation，seed dispersal and germination of Myricaria laxiflora，an endangered species in the Three Gorges Reservoir area. *Plant Ecology*，191：67－75.

［3］ Guo，Zhongwei，et al. 2001. Ecosystem functions，services and their values - a case study in Xingshan County of China. *Ecological Economics*，38：141－154.

［4］ Haishan Dang，Mingxi Jiang，Quanfa Zhang，Yanjin Zhang，2007. Growth responses of subalpine fir （Abies fargesii） to climate variability in the Qinling Mountain，China. *Forest Ecology and Management*，240：143－150.

［5］ Jiang Mingxi，Deng Hongbing，Cai Qinghua，2002. Distribution pattern of rare plants along riparian zone in Shennongjia Area. *Journal of Forestry Research*，13：25－27 .

［6］ Li Yiming，2001. The seasonal food of Sichuan snub-nosed monkey （*Pygathrix roxellana*） in Shennongjia Nature Reserve，China. *Folia Primatologica*，71：40－42.

［7］ Li Yiming，2002. The seasonal daily travel in a group of Sichuan Snub-nosed monkey （*Pygathrix roxellana*） in Shennongjia Nature Reserve，China. *Primates*，43：271－276.

［8］ Li Yiming，2006. Seasonal variation of diet and food availability in a group of Sichuan Snub-nosed monkeys in Shennongjia Nature Reserve，China. *American Journal of Primatolog*，68：217－233.

［9］ Li Yiming，Craig B. S，Yang Yuhui，2002. Winter feed tree choice in the Sichuan Snub-nosed Monkey （*Rhinopithecus roxellanae*） in Shennongjia Nature Reserve，China. *International Journal of Primatology*，23：657－675.

［10］ Mi Zhang，Zong-Qiang Xie，Gao-Ming Xiong and Jin-Tun Zhang，2006. Variation of soil nutrition in a *Fagus engleriana Cyclobalanopsis oxyodon* community over a small scale in the Shennongjia Area，China. *Journal of Integrative Plant Biology*，48：767－777.

［11］ Qian Yu，Zongqiang Xie，Gaoming Xiong，Zhigang Chen，Jingyuan Yang，2008. Community chararcteristics and population structure of dominant species of *Abies fargesii* forests in Shennongjia national Nature Reserve. *Acta Ecologica Sinica*，28：1931－1941.

［12］ Quanfa Zhang，Mingxi Jiang，Feng Cheng，2007. Canopy recruitment in the beech （*Fagus engleriana*） forest of Mt. Shennongjia，Central China. *Journal of Forestry Research*，12：63－67.

［13］ Vaario L-M，Suzuk K，2004. Ectomycorrhizal synthesis between *Abies firma* roots/callus and *Laccaria bicolor* strain. *Acta Botanica Sinica*，46：63－68.

［14］ Xie，Zongqiang，2003. Characteristics and conservation Priority of threatened plants in the Yangtze Valley. *Biodiversity and Conservation*，12 （1）：65－72.

［15］ Yiming Li. 2007. Terrestriality and tree stratum use in a group of Sichuan snub-nosed monkeys. *Primates*，48：197－207.

［16］ Zhao，C. M.，W. L. Chen，et al. 2005. Altitudinal pattern of plant species diversity in Shennongjia

Mountains，central China. *Journal of Integrative Plant Biology*，47：1431－1449.

[17] 陈书秀，江明喜．2006．三峡地区香溪河流域不同树种叶片凋落物的分解．生态学报．26：2905－2912.

[18] 陈伟烈．2003．长江三峡与生物多样性．生物学通报．38：13－14.

[19] 陈志刚，樊大勇，张旺锋，谢宗强．2005．林隙与林下环境对锐齿槲栎和米心水青冈种群更新的影响．植物生态学报．29：354－360.

[20] 樊大勇，陈志刚．2002．试谈常绿植物叶绿体对低温胁迫的适应性．生物学通报．37：23－24.

[21] 樊大勇，王强，李铭，高荣孚．2002．大叶黄杨叶片上表皮的聚光效果及其对叶片内部光分布的影响．植物生态学报．26：594－598.

[22] 樊大勇，谢宗强．2004．木质部空穴化研究的几个热点问题．植物生态学报28：126－132.

[23] 樊大勇，谢宗强，王强，张其德．2002．一种亚热带林下常见灌木富贵草对光斑的响应．植物生态学报．26：447－453.

[24] 郭中伟，李典谟．2000．湖北省兴山县移民安置区内生态系统的管理．应用生态学报．11：819－826.

[25] 胡学军，江明喜．2003．香溪河流域一条一级支流河岸林凋落物季节动态．武汉植物学研究．21：124－128.

[26] 江明喜，邓红兵，蔡庆华．2002．神农架地区珍稀植物沿河岸带的分布格局及其保护意义．应用生态学报．13：1373－1376.

[27] 江明喜，党海山，黄汉东，陶勇，金霞．2004．三峡库区香溪河流域河岸带种子植物区系研究．长江流域资源与环境．13：178－182.

[28] 江明喜，邓红兵，唐涛，蔡庆华．2002．香溪河流域河岸带植物群落物种丰富度格局．生态学报．22：629－635.

[29] 江明喜，邓红兵，唐涛，蔡庆华．2002．香溪河流域河流中树叶分解速率的比较研究．应用生态学报．13：27－30.

[30] 江明喜，吴金清．2000．神农架南坡送子园珍稀植物群落的区系及生态特征研究．武汉植物学研究．18：368－374.

[31] 赖江山，李庆梅，谢宗强．2003．濒危植物秦岭冷杉种子萌发特性的研究．植物生态学报27：661－666.

[32] 李传龙，谢宗强，赵常明，熊高明，邹莉．2007．三峡库区磷化工厂点源污染对陆生植物群落组成和物种多样性的影响．生物多样性．15：523－532.

[33] 李静霞，李佳，党海山，江明喜．2006．神农架大九湖湿地公园的植被现状与保护对策．武汉植物学研究．25：605－611.

[34] 李庆梅，谢宗强，孙玉玲．2008．秦岭冷杉幼苗适应性的研究．林业科学研究．21：481－485.

[35] 李义明，许龙，马勇，杨敬元，杨玉慧．2003．神农架自然保护区非飞行哺乳动物的物种丰富度：沿海拔梯度的分布格局．生物多样性．11：1－9.

[36] 刘峰，陈伟烈，贺金生．2000．神农架地区锐齿槲栎种群结构与更新的研究．植物生态学报．24：396－401.

[37] 蒲云海，张应坤，江明喜，石道良，曹国斌，郑德国．2006．神农架北坡堵河源自然保护区植物多样性研究．武汉植物学研究．24：327－332.

[38] 史红文，江明喜，胡理乐．2007．濒危植物毛柄小勾儿茶的生态位研究．武汉植物学研究．25：163－168.

[39] 孙玉玲，李庆梅，谢宗强．2005．濒危植物秦岭冷杉结实特性的研究．植物生态学报．29：

251 -257.

[40] 孙玉玲，李庆梅，杨敬元，谢宗强. 2005. 秦岭冷杉球果与种子的形态变异. 生态学报. 25：176 - 181.

[41] 田志强，陈月，陈伟烈，胡东. 2002. 神农架龙门河地区的植被制图及植被现状. 植物生态学报. 26（增刊）：30 - 39.

[42] 田志强，陈月，陈伟烈，胡东. 2002. 神农架龙门河地区基于植被的 GAP 分析. 植物生态学报 26（增刊）：40 - 45.

[43] 田自强，赵常明，谢宗强，陈伟烈. 2003. 中国神农架地区的植被制图及植物群落物种多样性. 生态学报. 24：1611 - 1622.

[44] 王中磊，高贤明. 2006. 啮齿动物对锐齿槲栎坚果的取食模式及坚果命运. 生态学报. 26：3533 - 3541.

[45] 谢宗强，李庆梅. 2000. 濒危植物银杉种子特性的研究. 植物生态学报. 24：82 - 86.

[46] 熊高明，谢宗强，熊小刚，樊大勇，葛颂. 2003. 神农架南坡珍稀植物独花兰的物候、繁殖及分布的群落特征. 生态学报. 23：173 - 179 .

[47] 熊小刚，熊高明，谢宗强. 2002. 神农架地区常绿落叶阔叶混交林树种更新研究. 生态学报. 22：2001 - 2005.

[48] 许凤华，康明，黄宏文，江明喜. 2006. 濒危植物毛柄小勾儿茶的片断化居群的遗传多样性. 植物生态学报. 30：157 - 164.

[49] 于倩，谢宗强，熊高明，陈志刚，杨敬元. 2008. 神农架巴山冷杉林群落特征及其优势种群结构. 生态学报. 28：1931 - 1941.

[50] 张谧，熊高明，陈志刚，樊大勇，谢宗强. 2004. 神农架米心水青冈—曼青冈群落的地形异质性及其生态影响. 生态学报. 24：2686 - 2692.

[51] 张谧，熊高明，陈志刚，樊大勇，谢宗强. 2005. 数字高程模型在群落内物种共存研究中的应用. 植物生态学报. 29：197 - 201.

[52] 张谧，熊高明，赵常明，陈志刚，谢宗强. 2003. 神农架地区米心水青冈—曼青冈群落的结构与格局研究. 植物生态学报. 27：603 - 609.

[53] 张文辉，许晓波，周建云，孙玉玲，谢宗强. 2004. 濒危植物秦岭冷杉地理分布和生物生态学特性研究. 生物多样性. 12：419 - 426.

[54] 赵常明，陈伟烈. 2002. 神农架植被及其生物多样性基本特征. 见：陈宜瑜主编：生物多样性保护与区域可持续发展. 北京：中国林业出版社. 270 - 280.

[55] 邹莉，李庆梅，谢宗强. 2008. 巴山冷杉的种实特性及其种子萌发力. 生物多样性. 16：509 -515.

[56] 邹莉，谢宗强，李庆梅，赵常明，李传龙. 2007. 神农架巴山冷杉种子雨的时空格局. 生物多样性. 15：500 - 509.

参　考　文　献

Zhigang Chen，Jingyuan Yang，Zongqiang Xie. 2005. Economic development of local communities and biodiversity conservation: a case study from Shennonjia National Nature Reserve, China ［J］. Biodiversity and Conservation，14：2095 - 2108.

陈志刚，樊大勇，张旺峰. 2005. 林隙与林下环境对锐齿槲栎和米心水青冈种群更新的影响 ［J］. 植物生态学报，29 （3）：354 - 360.

春敏莉，谢宗强，赵常明，樊大勇，徐新武，平亮. 2009. 神农架巴山冷杉天然林凋落量及养分特征 ［J］. 植物生态学报. 33 （3）：492 - 498.

董鸣，等. 1996. 陆地生物群落调查与分析 ［M］. 北京：中国标准出版社.

费梁，叶昌媛，黄永昭，等. 2005. 中国两栖动物检索及图解 ［M］. 成都：四川科学技术出版社.

汪松，谢焱. 2004. 中国物种红色名录（第一卷红色名录）［M］. 北京：高等教育出版社.

王应祥. 2003. 中国哺乳动物种和亚种分类名录与分布大全 ［M］. 北京：中国林业出版社.

应俊生，马成功，张志松. 1979. 鄂西神农架地区的植被和植物区系 ［J］. 植物分类学报. 17：41 - 60.

应俊生，张玉龙. 1994. 中国种子植物特有属 ［M］. 北京：科学出版社.

约翰·马敬能，卡伦·菲利普斯，何芬奇. 2000. 中国鸟类野外手册 ［M］. 长沙：湖南教育出版社.

邹莉，谢宗强，李庆梅，等. 2007. 神农架巴山冷杉种子雨的时空格局 ［J］. 生物多样性. 15 （5）：500 - 509.

图书在版编目（CIP）数据

中国生态系统定位观测与研究数据集. 森林生态系统
卷. 湖北神农架站：2000～2008 / 孙鸿烈等主编；谢
宗强分册主编. —北京：中国农业出版社，2010.7
ISBN 978-7-109-14847-5

Ⅰ.①中… Ⅱ.①孙…②谢… Ⅲ.①生态系统-统
计数据-中国②森林-生态系统-统计数据-湖北省-
2000～2008 Ⅳ.①Q147②S718.55

中国版本图书馆 CIP 数据核字（2010）第 147107 号

中国农业出版社出版
（北京市朝阳区农展馆北路2号）
（邮政编码 100125）
责任编辑 刘爱芳 李昕昱

中国农业出版社印刷厂印刷 新华书店北京发行所发行
2010 年 8 月第 1 版 2010 年 8 月北京第 1 次印刷

开本：889mm×1194mm 1/16 印张：6
字数：160 千字
定价：40.00 元
（凡本版图书出现印刷、装订错误，请向出版社发行部调换）